参与式农业技术
推广方法及应用

夏 冰　张 涛　肖长坤　编著

中国农业出版社
北 京

前　言

　　党的十九大报告中明确提出"发展多种形式适度规模经营，培育新型农业经营主体"。中央办公厅和国务院办公厅《关于创新体制机制推进农业绿色发展的意见》提出"培养一批具有绿色发展理念、掌握绿色生产技术技能的农业人才和新型职业农民"。实施乡村振兴战略离不开农业农村的现代化，离不开新型经营主体的培育，需要农民拥有新理念和新思维，掌握新技术和新方法，发展农业新产业、新业态。在新型经营主体培育中"授人以鱼不如授人以渔"，使新型农民掌握解决问题的思维和方法，获得持续的自我发展能力才是解决"三农"问题的根本。联合国粮农组织和北京的实践证明：农民田间学校参与式农业技术推广方法是一种行之有效的方法，它遵循"以人为本、能力为先、自下而上"的工作理念，对培养锻炼农民的专业技能、综合素质和协作发展能力具有重要作用。

　　笔者在借鉴联合国粮农组织的经验和做法的基础上，结合北京的工作实践，在参与式农业技术推广方法上进行了大量探索与总结并编辑成册，希望能为农业技术推广方法的创新与实践提供借鉴。本书主要阐述了具有典型性的参与式方法，即农民田间学校的起源与发展、理论基础、基本要素、主要特点、基本构成，以及质量控制方法。同时，系统介绍了需求调研、培训方法与技巧、问题分析常用方法、培训工具与方法、团队建设、培训质量控制等参与式工作方法，以及如何在实践中应用这些方法。内容既有理论分析，又有操作实践。希望这本书的出版对从事农民培训工作的广大朋友能有所帮助或启发。参与式工作方法更多地提供的是一种发现问题、分析问题和解决问题的思维方法，这对我们解决工作和生活中的类似问题也提供了一种新的思维方式。

由于编写水平有限，不妥之处敬请广大读者指正。

致谢：本书在编写过程中得到了陈阜、王德海、石尚柏等老师，程晓仙、吴建繁、杨普云、王以中、张晓晟、江真启、尹光红、张令军、郑建秋、金晓华、周春江、王克武、张猛、初蔚琳、胡新梅、师迎春、郑书恒、张丽红、魏荣贵，以及北京市农委、北京市农业局、北京市有关区和乡镇等领导和同行的大力支持与帮助，在此致以衷心感谢！

编著者

2018 年 3 月

目 录

前言

农业技术推广概述

第一节　典型农业推广模式与方法

一、不同类型的农业技术推广

现代农业的发展和农业生产力水平的提高必须紧密依靠农业科技的发展，这需要农业科研、教育和技术推广链条的有机衔接，而农业推广是农业科技成果转化的关键环节。世界上很多国家为了提高农业科技成果转化效率，根据本国国情和农业发展的特点，围绕农业推广模式创新与运行机制开展了大量的研究与探索实践，并形成了适合自己国情的发展模式。随着市场经济的发展，我国原有的技术推广模式已经不能很好地满足发展的需要，相关部门进行了多个方面的改革探索。目前国际上典型的农业推广模式主要有 8 种，在依托主体、运行机制和特点上各不相同。

（一）政府公共推广模式

政府公共推广模式是指政府农业部门及其支持的机构在农业推广中占主导地位的推广模式，在世界农业大国中，以色列的政府推广模式比较典型。在以色列，有全国农业科技管理委员会统一管理的体制，由农业部、农业科研与技术推广机构、农民组织等机构负责农业科技政策和计划。政府公共推广模式特点有：政府部门在农业推广人力、物力、财力和影响方面占有绝对优势，其他主体处于辅助或补充的地位；一般采取传统的自上而下的运作方式，农民处于被动地位；政府既是农业科研和推广的执行者，又是推广的主要融资方；农业推广人员为政府工作人员，农业推广定义为公益性事业，推广人员以完成政府的工作任务为目标。以色列政府推广模式由国家农业技术推广服务中心和区域性农业技术推广服务中心两个层级构成，并根据优势产业发展需要设立了牛、羊等 14 个专门委员会。国家财政负担 90% 左右的推广经费，其他经费通过咨询服务和技术指导从生产和市场委员会获得。农业技术推广方式多样，在农场和田间以现场示范的方式进行集中推广，亦可以通过推广信息网解答农民的技术问题，推广人员还利用小册子、技术光盘等载体传播农业技术知识，或者举办各类技术培训班。针对采用新品种的农户，农业技术人员提供全程跟踪式专业服务。以色列的农业技术推广人员都是专家型的，大部分时间在田间地头工作。

（二）以农学院为中心的推广模式

以农学院为中心的推广模式形成了农业科技研究、教育和推广的三位一体，有利于农业科技成果及时地转化为现实生产力，美国是该模式的典型代表。美国的公共农业推广服务体系在整个农业推广系统中处于主导地位，由联邦和州两级组成。联邦农业部下设农业推广局，主要从政策和宏观上把握国家的农业科技发展方向，监督农业法律的实施；州农技推广站设在州立大学农学院，农学院同时负责农业教育、科研和推广工作，农学院院长或副院长兼任站长，相关教授组成推广人员，农业科研和推广是教授的必须工作，也是他们晋升的重要条件。州推广站在各郡设立推广分站，郡推广站的人员由州推广站聘用，享受政府公务员福利，其主要工作是对农场和农户进行访问，帮助诊断农户经营中存在的问题并寻求解决方法，向农民提供农业技术和信息等，解决涉农科技问题。推广经费主要由联邦、州和郡按照 20%～25%、50%、20%～25%的比例分担，同时鼓励私营企业、农业公司和农场主自愿资助。推广途径多样，主要通过农业推广会、现场会的方式进行，电视、广播、技术光盘，以及远程教育、电子邮件和互联网在线咨询等信息传递方式也愈来愈普遍。菲律宾和印度等国家也采用了这种模式。

（三）商业化推广模式

传统的商业化模式主要是指围绕某一产业商品的销售而开展的产前、产中和产后的技术指导和服务，采用自上而下的管理方式，以单向的指令性方式运行，只允许数量有限的农民参与决策，通过合同的方式使农民接受并利用推广服务。这种模式具有行政领导、统一指令、专业分工等突出特点，通过公司化运作为生产全过程提供所需的各项物资投入和贷款，确保农民获得所需的资源以实现丰产的目的，主要采用企业化运作，有利于实现产前投入、产中控制和产后销售的一体化和标准化控制。商业化模式不倾向于利用媒介方法为农民提供信息服务，主要依靠技术人员通过农场访问、示范和乡村会议等方式传播技术，把从技术部门获取的技术直接传递给每个农户，而不采用进步农民策略。

（四）培训和访问式推广模式

农业培训与访问式推广模式首先在土耳其发展并在 20 世纪 70 年代引入印度，在世界银行的支持下，在亚、非、欧及南、中美洲等地区 40 多个发展中国家得到应用。该模式旨在建立一个专业的推广机构帮助农民实现增产增收，并为农业的发展提供适当的支持服务，这需要研究人员、农民和专业推广人员建立动态的联系机制。其主要特点是：推广人员和机构专业化，并由某一部门（一般是农业部）对推广工作完全负责任，采用自上而下的方式；推广人员专门负责农业推广工作，而不参与和推广无直接关系的任何活动，并定期接受培训和访问培训农民。对推广人员的培训主要包括：①讨论下一周即将推广给农民的生产措施；②提升其专业水平。每名推广人员每周接受一天的培训，每两周按日程表对所负责联系农户进行轮流访问和指导，一般每组 100 个农户，每组 10 个联系农户。与科研结合紧密，推广人员将农民面临而且不能解决的问题及时反映给科研人员，同时，在季节性讨论会、每月召开的讨论会中，研究人员和推广人员一起制订出适合当地具体条件的生产措施。培训访问式推广模式存在的前提是当地农户仍然没有采用的可利用技术，因此，在推广绿色革命技术方面的效果显著。专门技术的推广专家每两周去附近村访问联系农户小组成员并对他们进行培训，然后由联系农户把改进的农艺措施带给其所在村的其他农户。在这种模式中，推广人员集中精力进行新农作物信息的引进和传递，限制推广人员卖种子和肥料等。但是，由于需要雇佣更多的村级推广人员，政府的费用增加，该模式的费用比传统的政府公共推广高出 25％的投入。

（五）农民田间学校式推广模式

农民田间学校式推广模式是以社区为基础的学习体制，是在 20 世纪 80 年代亚洲绿色革命的过程中，为了应对化学农药的过度使用提出的一种自下而上的推广模式，在联合国粮农组织的资助下，主要在菲律宾和印度尼西亚开展，并扩展到整个亚洲、非洲和拉丁美洲等相关地区和国家。农民田间学校式推广模式是一种典型的基于小组试验学习的模式，通过每周一次在固定的一家农户或其他场所进行田间聚会这样非正规的学习，分析、讨论他们的农事措施，然后决定应该采用哪种措施，并开展效果评价。一般围绕一个作物的生长季，20～30 个农户参加小组学习，大约持续 14 周。在东非，农民自发组织和资助成立了农民田间学校协作网、协会和联盟，农民田间学校在过去 20 余年促进了有害生物综合防治技术的传播。与传统模式中的收音机、报纸等方法相比，该模式投入比较高，是否能产生高回报一直受到关注。覆盖的农户数量有限，参加的学员扩散效果到底如何仍然存在争议。该模式主要是在联合国粮农组织的资助下实施的，并得到了项目实施国家的支持，还有部分国家与国家的有害生物治理项目相结合实施，部分国家在国际的资金支持结束以后，并没有形成持续发展机制。

（六）农民协会推广模式

农民协会（或农民合作组织）推广模式是许多国家农业推广体系的重要补

充，采用此模式比较典型的地区有日本和我国台湾，日本是政府和农协双轨制。农业协同组合是开展农村综合服务的民间组织，遵循自下而上的运作途径。日本的农协起源于 1900 年，最初以立法的形式建立制度，以帮助中小生产者通过互助合作提高生产力为目的。农协的服务几乎覆盖了全国农村的各个领域，农协成为农业生产者进入市场的中介组织，也是农民与政府、与国际组织对话的利益代表者。农协包括综合农协和专业农协，农协组织系统分三个层级，包括基层农协、农协联合会和农协中央，农协内部机构设置包括总会、理事会、监事和职员。日本政府在农村主要依靠农协提供综合服务，包括营农指导和生活指导、农产品销售及生资购买、农村金融、信贷和保险事业、公共利用和情报信息事业，特别是在农产品销售方面采取垄断策略，从而形成利益共同体，通过农协组织使生产规模较小的家庭能够面对庞大的市场。各基层农协均配有营农指导员，营农指导员是农业生产第一线的技术普及员，由农协雇佣，长期走家串户进行农业指导，基本能做到农民需要什么，就提供什么服务。营农指导员在开展工作时，首先根据农民需求设定推广课题、制订计划，按计划开展工作后进行评估，并将评估结果反馈到下一个推广计划之中。营农指导员在服务农民的过程中，收集农民将遇到的问题和需要改进的需求，并反馈给专门技术员，再由专门技术员反馈到研究机构，经改进后再经上述途径将技术反馈到农民手中。德国除了官办和民间的推广咨询服务比较发达外，农村合作社服务也是重要的补充形式，主要在农产品加工和销售、农业生产资料供应、农机合作和销售等方面形成了农户联办的服务形式。在法国，农业合作社遍布全国，其职能也由原来的农业推广拓展为"农业发展"，负责向农户提供良种、技术指导和技术培训，并深入到农业发展的各个环节。我国台湾地区农协体系比较发达，推广工作主要由县、乡两级农会负责，其职能和日本的农协相当。

（七）农民俱乐部式推广模式

新西兰农业推广除了政府机构外，农场俱乐部发挥了重要的补充作用，农业推广主要在俱乐部的活动中开展。农场俱乐部每月举行一次活动，每次聚会选择一名会员作为访问对象，俱乐部的聚会活动由聘请的专家组织，俱乐部成员首先参观确定的农场，参观过程中可以就某些问题向农场主提问。参观后，俱乐部成员集中就农场管理中的成功之处进行总结交流。在此基础上，由专家总结农场管理中的优点和缺点，并在这个过程中发现优秀的学员便于成员学习。俱乐部同各种协会和研究单位联系，邀请相关单位的技术、营销、市场预测等方面的专家，开展针对俱乐部成员需求的各种讨论活动。美国农业推广中针对青年四健（脑健、手健、心健和身健）推广活动，成立了各种男孩、女孩俱乐部来进行青年的农业教育，坚持在做中学的理念来锻炼与教育学生，并在合作推广法中规定"四健"教育是农业推广服务的一部分，担负农村青年的教育责任，在课程中增加了农业相关内容。目前，"四健"教育模式不断发展，在亚洲、欧洲和拉丁美洲建立了"四健"教育协会。

（八）农村综合咨询服务式推广模式

农村综合咨询是农业推广发展到一定阶段的产物，德国的农业推广服务是典型代表。农村综合咨询服务主要是在自愿、平等、合作的基础上，通过沟通手段帮助农民，使其能够解决或者缓解面临的问题的过程。德国的农业推广咨询分为官方咨询（州农业部或州农业管理委员会组织管理）和私人经济咨询，目前主要的推广咨询体系是官办的，官办的推广咨询面向全体农民提供无偿服务，推广咨询的内容非常广泛，包括与农村居民生产和生活有关的各种技术和信息的咨询，主要包括农业生产方面，如提高经济效益、生产优质产品和保护生态环境等，市场营销管理，如为农户争取有利的市场购销机会，以及企业管理方面和社会经济方面。除了官办的，操作者还有自我组织的民间组织、大学及科研机构及各种商业企业公司。民间组织中的环咨询服务和农民合作社服务是官办推广咨询服务的重要补充，环咨询也是很多地方官办咨询服务的改革方向。环咨询由农民自愿组成，由理事会雇佣一个咨询员作为咨询环的业务经理，咨询员同时还可以在州政府农业部门任职，环咨询的费用由环成员（农业企业或农场主）承担，环咨询与官办咨询机构紧密合作，官办咨询专家为环咨询提供各种便利，而环咨询又能将各个企业的咨询问题等信息反馈给各种官办咨询机构。环咨询的工作范围重点是在企业管理和生产技术咨询方面，同时负责环境保护咨询或企业的生存保障和转型等。无论哪种咨询服务方式，都强调农村综合发展以及咨询两个方面，以满足农民及农家的多方面需求。荷兰农业推广在逐步私有化的同时，农业技术推广机构逐渐成了营利性公司，主要从事知识技术推广和咨询服务。

除以上农业推广模式外，还有非政府组织推广模式和私人推广模式等存在，这些不同的模式相互补充，共同促进农村农业发展。

二、我国的农业技术推广模式定位

在不同的政治、经济和社会发展阶段，研究探索或选择最合适的农业推广模式是各个国家在农业技术推广模式和体制改革中面临的最主要问题。

我国是一个农业大国，推广模式基本是沿袭原来计划经济条件下的模式，这在解决粮食安全问题等农业技术普及方面起到了重要作用。近年，随着市场经济的发展，原有的技术推广模式已经不能很好地满足发展的需要，相关部门进行了多方面的改革探索，如科技示范园区模式、专家大院模式、农民田间学校模式等，但哪个模式更适合中国国情？具体向哪个方向发展？这些问题目前仍然没有明确的科学结论。

农业技术推广模式的选择与农业从业者的素质水平以及规模化程度紧密相关，无论是从农业从业者素质，还是从农业发展规模化和技术发展水平来说，我国的农业发展程度高于不发达国家，而又远低于发达国家。从短时期来看，我国的农业技术推广模式仍将处于以政府公共农业技术推广为主导的阶段，农民田间学校这种融素质提升和技术推广为一体的推广模式适应我国一家一户种植模式下农业技术的推广，并在部分地区存在，随着农民合作组织（农民协会）作用的发挥，以及中国的农业企业在农业技术推广、农民教育等方面社会责任意识的觉醒，农民合作组织推广模式和商业化推广模式的作用将更加突出。从长远来看，随着农村经济发展和农民素质的提高，以及农民需求的多元化，农村综合咨询服务模式将是一种发展方向，将使得我国的农业技术推广延伸到农业产业的各个环节和农村生活的各个方面，涉及国家粮食安全、农村生态资源环境、农业经济可持续发展、农业从业者综合素质培养等诸多方面；随着农业大专院校的教育定位改革的深入，以农学院为中心的推广模式将发挥更加重要的作用。近年来，我国的农民合作组织得到了快速发展，大型农业企业也逐步发展壮大，农民合作组织推广模式和商业化推广模式在农业技术推广中的作用将日益彰显。

我国农业技术推广的发展，必须紧密结合我国国情和农业发展的特点，借鉴国际上不同农业技术推广模式的特点，将政府及农业科研、教育、推广部门和农业经营者有机结合，探索形成适合中国国情的农业技术推广模式。因此，未来我国的农业技术推广将形成以政府公共农业技术推广模式为主导，以农学院为中心的推广模式、农村综合咨询服务推广模式、农民合作组织推广模式、商业化推广模式、农民田间学校模式等共存的发展阶段，每个地区根据本地的实际情况，各种模式发挥作用的程度会有所不同。总体上看，无论选择哪种农业技术推广模式，其采用的服务手段的信息化与智能化程度将逐步提高。而且，随着社会的发展，中国的农业推广模式也在不断适应发展需要的实践中不断得到发展和完善。

第二节　农民田间学校模式

农民田间学校（Farmer Field School，简称 FFS）是联合国粮农组织提出和倡导的一种"以人为本、能力为先、自下而上"的农业技术推广和新型农民培养模式，采用参与式、互动式、启发式的方法，重视农民需求，强调实践学习,着重技能培养。这种参与式方法使农民教育和农业技术推广得到了高度融合和统一,在推广农业技术的过程中,培养农民的综合素质与可持续发展能力,在提升农民素质的同时,促进技术推广转化效率。农民田间学校参与式模式对提高技术推广到位率、提升农民的综合素质与技能、促进组织化程度提升和社区协作发展具有重要作用,受到国际组织和相关专家的推崇。

一、农民田间学校模式的起源

(一)农民田间学校开办背景

20 世纪 60 年代,在印度尼西亚、菲律宾等 20 多个国家大面积开展的"绿色革命"取得粮食增产效果显著的同时,也导致了亚洲国家在水稻生产中过分依赖化学农药、农药的抗性问题日益突出、次要害虫频繁暴发成灾等问题,而生物农药又得不到有效地推广,有关专家提出有害生物综合治理(Integrated Pest Management,IPM)项目可以帮助农民掌握并采用科学有效的新技术、新产品和新品种。

1980 年,由澳大利亚、荷兰和阿拉伯海湾基金会提供资助,正式开展亚洲国家间水稻有害生物综合治理项目,并由联合国粮农组织负责分阶段实施。项目实施表明:如何让农民掌握 IPM 技术成为当时的一个关键问题。1978—1980 年,菲律宾开展了一项持续五个水稻生长季的农民培训计划,总结出一套田间培训农民的新方法。在这套方法基础上形成的农民培训模式被称为水稻IPM 农民田间学校,并于 1989—1990 年首次在印度尼西亚实施。后来在联合国粮农组织的提倡下,农民田间学校作为一种新的农民培训模式被推广到农业生产的其他范畴,如作物综合管理、植物营养、畜牧兽医等多个方面,甚至拓展到环境保护、妇女及健康教育等多个领域。

(二)农民田间学校开办的缘由

农业技术推广难是众所周知的事实,之所以难,就难在传统灌输式的技术传递方式,把农民当成素质低、没有知识和经验的阿斗。所传递的内容没有针对性,讲非所需,学非所用;理论讲得多,操作技能演示少,实用性差。许多国家农业推广的目的是向农民宣传研究机构开发的一系列技术。推广的方法通常包括农民集会或小面积田间示范,但是,资源贫乏的小规模经营农户很难将农业推广部门传授给他们的新技术付诸实施。这是什么原因呢?

农民们常说推广服务机构向他们宣传的技术并不能完全适合他们的农田。如果全部按照推广建议来做,农民必须经常修改这些技术才能适应他们的特殊要求。由于小规模农业生产之间存在巨大的差异,即使可以实施,也难以形成可广泛推荐的应用技术。因此,技术指南必须符合当地的实际情况,如土壤肥力、水分有效性、家庭经济现状及农民希望达到的目标等。

不恰当的推广方法和不实用的技术一样，常常会出现一些问题。农民大部分时间在田间劳动，坐在屋里听推广人员泛泛讲授一种新技术，他们可能会感到不适应。由他人来管理的一块示范田也不大可能说服农民去尝试一些新东西。农民需要有机会来试验新技术，较系统地学习如何评价不同的方案，并由他们自己决定哪些技术有利用价值。这种认识在成人教育原理中可以找到解释，也就是说，成人通过直接体验可以学得最好。边做边学可以增加农民的知识和经验，提高他们管理农场的能力，这种方式的效果是被动地灌输推广技术所无法达到的。

经验表明，农民在农业技术推广方面，不仅是使用者，而且也是最好的传播者。农民专家将自己的经验与其他农民分享，农民也会对这种技术宣传更感兴趣。因为这些祖祖辈辈生活在一起、有着共同语言、共同生产生活经验的人们，沟通起来特别顺畅，这是专业技术人员所不具备的示范优势。通过经验交流会，使所有与会农民了解到新技术的相关信息，从而使这些技术得到扩散。

要解决农业技术推广难的问题，关键在于改变推广方法。将农民田间学校这种参与式方法引入农业技术推广之中。这种新型的培训方式，以农民为中心，基于"以人为本""授人以鱼不如授人以渔"的理念，有针对性地开展农民培训。农民田间学校模式就是一种基于成人教育原理的农民培训方式。成人通过动手操作来学习可以达到最佳效果，尤其是他们所学的东西与日常经验和活动相关时。田间学校鼓励农民自己发现和解决问题。通过这种方式获取的知识，更容易被吸收，并在培训结束后付诸实践。所有学习内容都以学员的能力、知识和经验作为起点，农民田间学校的活动主要是为加深对这些知识的理解而设计的。通过一至多个全生长/管理季节的培训，使农民在掌握农业科学知识、加强关键技能的基础上，提高分析问题、解决问题的能力。

农民田间学校培训每周组织一次集中活动，每次持续 2～3 小时。农民田间学校在整个作物生长季有一片专用的田块，在那里学员可以进行观察、分析和试验。农民五人一小组活动，以便促进学习。每一个培训单元把学员的能力、知识和经验作为起点，所有农民田间学校的活动内容都依据拓展农民学员的知识、经验和能力而设计。

通过农民田间学校这种参与式技术传递平台，农业技术推广不仅得到了成功传递的模式与经验，更重要的是，在参与试验与技术创新的过程中，农民分析问题、解决问题的能力得到不断提高，实现在社区中的自我发展。这种推广方法是基于农民的需求而非专家的兴趣，对各种相关技术进行试验、评估与实施。在广泛吸收农民经验的基础上，使引进的技术本土化，推动以人为本的农业可持续发展。

二、农民田间学校发展概况

农民田间学校作为 IPM 项目的重要内容在国际项目的支持和相关国家政府的高度重视下，得到了快速发展。农民田间学校能够推广农业技术，其目的是改变农民的观念和行为，使农民改变滥用药状况，增加收益，保护环境，建设和谐社区。随着农民田间学校培训的深入开展，培训的作物对象由最初的水稻，逐步拓展到棉花、蔬菜、果树等。培训内容随着培训对象需求和培训地点的变化，逐步拓展到性别平等教育、子女教育、流行性疾病控制和健康教育等方面，由于培训对象可以全过程积极主动参与，极大地调动了他们的学习兴趣，取得了明显成效。

农民田间学校在亚洲、西非、南美洲等一些发展中国家得到了发展，主要针对这些国家一家一户分散种植、缺乏管理技术、农民素质偏低的现状，通过农民田间学校提升农民的综合素质、技能和协作发展意识，使他们在社区统一管理措施，解决生产上依靠个人无法解决的问题，从而减少投入，增加收入，提升食品质量与安全水平，避免或者减少对生态环境的污染。在各种国际组织的支持下，各国结合自身的实际情况对农民田间学校的模式和做法进行了改进和完善，使其更具有本土化特点，均取得了良好的成效。

（一）在亚洲国家的发展

从 1989 年到 2004 年的 15 年间，在各国政府、公益机构及国际组织的支持下，大约有 1 亿美元资助亚洲开展 IPM 农民田间学校，超过 200 万农民参与培训。在联合国粮农组织（FAO）提供技术或者资金支持下，印度尼西亚首先发起农民田间学校，随后孟加拉国、柬埔寨、中国和尼泊尔等国家也在小规模地开展，这些早期的实践都是成功的，但是由于缺少系统管理没有得到快速发展。

亚洲的部分国家成为成功的典型，如印度尼西亚，1986 年总统颁布禁令禁止使用 57 种农药并大力发展国家 IPM 计划后，IPM 培训发展迅速，由于田间学校真正将技术通过农民进行实践推广并与生产实际相结合，而不是单纯地进行技术开发，所以农民学员能够更快地接受新的科技知识并向周围人群传播。1989—2000 年，印度尼西亚先后获得近 7 600 万美元用于发展农民田间学校，印度尼西亚的成功不能忽视的是政府的高效管理及提供充足的资金支持并给予了农业部足够的权力。泰国政府在 20 世纪 80 年代创立了自己的模式，其教育部在 20 世纪 90 年代中期将农民田间学校作为一种职业培训基础教育进行推广，20 世纪 90 年代末期，当泰国国王看到 IPM 项目的好处时，下令农业部推广农民田间学校。尼泊尔尽管没有国际机构的资金支持，但在吸取了其他国家的经验基础上，结合本国的实际情况，在政府的帮助下成立了IPM培训员协会，有效的领导成为农民田间学校在尼泊尔成功和迅速发展至关重要的原因。除此之外，农业部植物保护部门进行了重组也是原因之一，这些新聘用的政府部门人员都参加了培训员班课程。农民只需要国家启动项目，帮助他们成立协会并提供资金就可完成其余工作。因此，IPM农民田间学校表面上是由国家举办，实际可完全由农民自己管理。柬埔寨的农民田间学校得到了国际马铃薯研究中心的支持，但由于缺乏经验和有力管理，直到20世纪90年代才得到了迅速发展。主要原因：一是柬埔寨农业生产方式处于半集体状态，农民可以自己决定农业生产措施；二是农民的农业知识相当匮乏，国家也没有服务措施与资金支持；三是苏联的解体，断绝了农民使用农用化学品保护植物的渠道。上述国家当时的现状和有关支持政策使得农民田间学校成为一种必需，农民需要学习害虫综合防治知识。菲律宾部分地区早在1978年就已开始IPM培训，到20世纪80年代中期，超过5万个菲律宾农民已接受过培训。越南由国家植物保护局大力推广农民田间学校，并通过5 000个农民俱乐部延续田间学校活动，俱乐部的农民主动参与试验研究和推广工作，并在基层农业政策制定方面发挥了积极作用。

（二）在非洲和南美洲国家的发展

在非洲和南美洲，农民田间学校起步较晚，在借鉴了亚洲国家开办农民田间学校的经验后，主要在肯尼亚、贝宁、喀麦隆、加纳和尼日利亚、秘鲁和玻利维亚等国家的水稻和马铃薯等作物上开展。1995年，肯尼亚建立了农民田间学校，是FAO旨在保证低收入国家食品安全的特殊项目。20世纪90年代中期，西非国家陆续建立起了农民田间学校，推广低成本的木薯生产保护技术，农民田间学校的开展使得农业生产和研究以农民为中心，多学科研究使得不同研究领域的科技人员参与其中，这些学科的融合不仅可以帮助解决生产问题，而且更能满足农民的实际需要。

南美安第斯山脉地区有着悠久的马铃薯种植历史，随着农用化学品的使用，其负面作用逐步显现，包括破坏生态平衡及病虫产生抗药性等问题，迫切需要有效的措施来改善农业生产的生态环境和社会环境。国际马铃薯中心（CIP）和一些政府及非官方机构在厄瓜多尔、秘鲁和玻利维亚展开了工作，旨在帮助农民了解农业生态系统，加强自我解决问题的能力，发展可持续农业。CIP特别借鉴了FAO在亚洲的农民田间学校模式，研究人员与社会公益机构及政府合作参与，此项措施产生了不错的效果。例如，农民能够得到最新的科技信息，本地的机构得到持续的技术支持，研究人员也可根据实践当中出现的问题调整自己的研究方向。

在厄瓜多尔，CIP 和厄瓜多尔国家农业研究中心联合社会公益机构及当地政府发展农民田间学校，旨在帮助农民更好地了解农业生态系统和掌握 IPM 技能，学员对培训期间的活动表现出了极大的兴趣，并在培训结束之后建立起自己的活动小组以延续这种学习活动。在玻利维亚，安第斯山脉地区产品研究与促进协会与农民一起开展了知识支持系统，旨在管理农药的抗性与其他方面的问题，农民田间学校作为一个传播诊断病害知识的途径成为组成部分之一。在秘鲁，从 1997 年起，CARE（致力于解决全球贫困化问题的国际组织）和 CIP 在 Cajamarca 省建立起农民田间学校，向农民传授作物管理知识并推广马铃薯抗晚疫病品种。结果表明，农民增长了 IPM 方面的知识，特别是马铃薯晚疫病的防治管理方面的知识。

（三）在中国的发展

1989 年，我国实施联合国粮农组织农业有害生物综合治理项目以来，农民田间学校模式在水稻、棉花、蔬菜、茶叶等农作物农业有害生物综合治理项目实施中作用显著，并特别体现以人为本、和谐社区、保护环境、农业增收的时代要求。经过十多年的探索，已经发展成为我国农业推广体系中的一项重大创新。据全国农业技术推广服务中心统计，截至 1997 年，共培训农民教师 2 000 余人，农民和农民带头人约 10 万人，带动约 40 万农户进行农作物病虫害综合防治。项目最初主要分布于广东、福建、浙江、江苏等水稻产区。

北京作为经济发达地区，缺乏对农民田间学校的深入研究和探索。2005 年，在农业部支持下，北京市农业局结合京郊产业发展现状，在植物保护系统率先引进农民田间学校，为京郊植保、畜牧、土肥、水产等多个行业培养了一批辅导员师资队伍，使田间学校由植保拓展到土肥、节水、栽培、畜牧、水产等，并创新发展了田间学校办校模式，制定了相关管理办法和实施细则，受训农户的技能和水平得到了普遍提升，受到农户的欢迎，政府的大力推动、资源的有效整合成为北京农民田间学校成功开办和迅速推进的重要因素。

第三节　农民田间学校模式的思考

一、存在的问题

农民田间学校经过几十年的实践，其培训原则、理念和方法已遍及了几十个国家和地区。一些国家和地区的农民田间学校（FFS）形成了自我发展的机制，在政府提供技术和政策支持的基础上，形成了农民自我组织学习、自我发展的良好形势。东南亚不少国家取得明显成效，并得到了持续发展。实践证明，FFS 是适合我国植保技术推广的有效途径，对 IPM 的实施有促进作用。

我国因参加这一工作起步较晚，发展不平衡，速度太慢，受训的十几万农民仅占农村劳力总数的 0.03%，受辐射影响的 40 万户也只占农户总数的 0.2%。据调查，我国现阶段 FFS 出现"热在上头，冷在下头，死在田头"的怪圈。我们也注意到，FAO 在亚洲 2/3 的资助项目将近尾声，由于一些政治及其他方面的因素，很多国家政府支持力度也在下降，很多农户没有机会再获得学习，这些现象不能不引起我们对 FFS 未来命运的深思。

技术推广途径是由经济因素决定的，如泰国等农户耕地面积多在 1~10 公顷，远远超过我国农户的耕地面积，总的经济收益较高，农户比较愿意参与FFS 项目。美国农场主的经营面积大多成千上万亩[①]，只需要聘请技术顾问就能解决问题。目前，在我国和其他大多数发展中国家，农民接受培训主要动机仍然是提高经济收益，经济收益包括增收和节支两个方面。以广东省水稻 FFS为例，受训户年平均增收节支 739 元/公顷，则 1 户农民的直接经济效益是323 元/年。尽管通过田间学校可以学到很多知识和技能，但由于经济收益低，农户不大可能投入更多的精力参加培训。因此，户均耕地面积过小、增收节支过少是目前 FFS 在我国很多地方难以普及推广的症结。

在中国，政府对农民有很强的号召力和组织力，政府对于农民田间学校在人力、物力等方面也给予了多方面支持。在项目的组织协调方面，有各级的有害生物防治推广机构；在培训课程的适宜性方面，农业技术推广人员工作经验丰富，建立了辅导员（师资）队伍；在因地制宜、因人施教等课程设置方面也不至出现大的偏差。虽然农民的文化基础参差不齐，但对大部分地区的农民学员来说，接受、理解和操作应无大的障碍。综合分析，我们认为农民田间学校未能快速发展的最大制约因素应是经济收益过低。

不少地方农民田间学校未能得到推广或夭折的原因除了经济因素外，还主要包括以下方面：一是单纯以国际支持项目方式运作缺乏持续发展动力，农民田间学校随着项目结束而结束。二是政府重视和支持不够，缺乏政策和资金支持。三是未能因地制宜创新和发展，缺乏吸引力和持续发展机制探索。四是师资整体的综合素质与技能不高，效果不理想，得不到农民的认可和上级领导支持。实际上，不少国家或地区农民田间学校的夭折主要是一个或多个因素作用的结果。

二、对策分析

针对提升农民田间学校培训效果和吸引力的目标，解决问题的关键就在于

---

① 亩为非法定计量单位，1 亩≈667 平方米。——编者注

如何提高受训农户的效益，吸引农民参与，主要应有以下两个途径：一是在北方农区开办田间学校吸收种植大户参加，以规模种植提升总的经济效益。二是培训作物对象由经济收益较低的传统粮食作物转向蔬菜、中药材、果树、茶叶等经济价值较高的作物，提高单位面积的净产值。

东南亚不少国家所取得的经验表明，农民田间学校的成功举办需要以下条件：一是需要因地制宜，许多国家没有一味地照搬国外的模式，而是结合本国的实际情况进行探索实践。例如，在设计培训活动时，培训员就结合当地农民容易接受的方式进行组织，在不同地区开办农民田间学校，需要不同的课程、不同的方法和不断的技术更新补充。二是需要各级政府政策支持和资金支持，泰国、印度尼西亚等国取得的成功就是一个明显案例。三是需要一支高素质的辅导员师资队伍，创新办校模式和培训方法，简化培训程序，使农民田间学校随农民需求不断提升而不断变化。四是需要建立机制，把农民作为发展的主体，并使其参与社区决策，保证其有持续学习活动的需求。

在我国，随着加快对外开放和经济、政治体制改革，政府的角色正在发生变化，由政府指令和组织生产活动的情况越来越少，取而代之的是依据市场需要和农民需求，为农民提供服务。因此，农民田间学校作为政府调动农民建设新农村积极性的重要方式，其发展需要各级政府的高度重视和大力支持。我国广大城郊和"一村一品"优势产业、精品农业区域，种植业生产经济效益相对较高，广大市民对农产品的质量要求较高；种植结构构成对管理水平要求高，风险大；农村一家一户种养比较普遍，组织化程度比较低，在生产上下游市场尚处于弱势地位；基层推广机构缺腿、断档严重，农民对新品种、新技术、新产品方面的信息匮乏，需要探索机制，培养基层的农民人才，整合管理、市场、信息等方面的联动优势。因此，城郊和优势农产品集中产区尤其适合农民田间学校这一推广模式。实践也已证明了这一点——农民田间学校在北京不仅取得了显著成效，而且得到了农民欢迎和社会各界的广泛认可。

第二章
农民田间学校的理论基础

　　农民田间学校的理论核心是参与式的理念和方法，参与式在农民田间学校中的精髓集中体现在三个方面：①在学员和辅导老师的共同参与下，学习提高，强调知识与经验的分享，辅导员只是学习群体中的一分子，也在贡献和分享，并启迪、激发集体的智慧，引领大家共同进步；②参与式重视的不仅仅是结果，更注重过程，使学员不仅知其然，更要知其所以然，所以培养的是持续发展能力；③参与式重视的是群体的力量，每个人只有在团队中贡献才能获取知识，充分调动参与者的主体积极性，处处渗透协作意识培养。

　　在参与式核心理论的指导下，农民田间学校融入了成人教育理论、马斯洛需求理论和学习循环理论，这些理论贯彻在农民田间学校培训的方方面面，这些理论是指导农民田间学校实现预期目标的重要基础。

第一节　参与式发展理论

　　参与式理论的历史渊源，可以追溯到 2 400 年前古希腊哲学家苏格拉底时代。苏格拉底说："人们常责备我问别人问题而我自己并没有才智来对讨论的主题有所断定，这是对的——神让我当一名助产婆，并没要我生孩子"。所以，人们称这种方法为"助产术"，意思是，知识好比孩子，是各人自己独立思考的产物，老师只是起个辅助作用而已。苏格拉底喜欢和人讨论各种问题，而在讨论时，他总是把自己摆在和对方平等的地位；不但如此，他还把对方当作主体，强调自己无知，愿意虚心向对方求教。苏格拉底并没有教授对方任何现成的知识，只是引导对方想问题，从日常生活中举一些例子，使对方把正确答案找出来，并从中归纳出普遍的结论。

　　这种启发式而非灌输式的教育方法，把对方当主体而不是客体，鼓励独立思考而不是提供现成的答案，可以看成是参与式教育方法的最早范例。

　　当代哲学的发展，后现代主义思潮的巨大影响，使许多过去视为独尊的标准失去了垄断地位。现在，一听到"知识""价值""权威"等，人们不是马上把它们当成独一无二的客观真理去顶礼膜拜、诚惶诚恐地去接纳消化，而是要问：谁的知识？谁的价值？谁的权威？多元文化并重的后现代主义思想，揭开了长期罩在知识和科学之上的神秘面纱，昭示出权力在知识更新和科学发展中所扮演的角色。这样，人们发现，所谓"客观"的"科学真理"，常常只是某种权力的体现。传播知识所带来的，往往是权力的扩展和膨胀。因此，后现代主义的理论张扬个体的"新型的主体性"，倡导多元论，尊重不同文化的价值。

一般来说，成人培训中比较多地运用参与式学习法。首先是因为成人学习相比青年人学习有如下特点：经验比较丰富，思维能力较强，有自己的见解，但记忆力减退等。如果用灌输式的方法，成人的优势发挥不出来，劣势却突显。而用参与式的方法，即经验学习或归纳法，则能收到比较好的效果。

其实，即使是青少年，讲座式的灌输也并不总是学习的好办法。"实践出真知"的俗话和心理学的试验都表明，单靠听讲和阅读，只能吸收和学到很少一部分知识，而参与进来，通过各种练习则能吸收和记住大部分的东西。所以，参与式学习法，不仅在成人培训中广泛采用，即使在所谓正规教育中，也越来越多地被引进。

此外，参与式方法还结合了心理学在 20 世纪 60～70 年代的新成果。从事社区发展和成人教育的两路人马，使它不断完善。从事参与式培训的人都会相信：参与式方法的背后，是对民众参与和赋权的一种理解。

参与式不仅从理论上有着革命性的意义，在方式方法上，也需要有革新。参与式有不少非文字、甚至非语言的活动，如角色扮演、画图、图示、雕塑等。有的人可能因此认为它太小儿科，没意思，甚至担心这有损于参与的成人、领导或权威的尊严。而学习结束后的反馈和评估显示，这些活动往往都给参与者留下深刻印象和巨大启示。这其实证明：那种只崇尚语言和文字的教学法，往往使人的其他感觉方式、思维方式和表达方式被禁锢了、窒息了。

今天所用到的参与式方法都是经由许多不同的前身以及传统演变而来的。其中五类尤为重要。

1. 行动者参与研究　这种方法偏重于下层社会，常用于对话和联合调查中，以强化人们的意识，提高人们的信心，促使他们采取行动。这种方法意识到了基层人民也极富创造力和能力，他们需要被赋予更多的力量，其他人只起到催化剂和辅导的作用。

2. 参与式培训　参与性作为衡量社区发展工作的一个重要指标，社区群众广泛而深入地参与是社区可持续发展的重要保障。①参与式是提高参与性的工具，提高社区群众的参与性是实现"利益为本""权利平等"的途径。使社区弱势人群能参与社区决策和管理。②人人参与、平等相处。整个参与式培训的过程需要学员以一种开放的心态人人参与其中，而且强调平等相处。培训者与学员间的地位相同，不存在权威与学生；学员与学员间的地位相同，不存在领导与群众。在这样的氛围中学员易放松身心、大胆投入，能尽显各自独特的风采。

3. 合作交流　合作交流是整个参与式培训活动中运用最多的，尤其是小组合作最易发挥集体的智慧，发扬团队的精神。参与的直接动力是利益，应当尊重社区成员参与与放弃参与的权利。人人平等。尊重不同主体、不同主张、不同方法的权利是参与式的核心和参与式的活的灵魂。

4. 亲身经历和体验　从亲身经历和体验中得出来的东西是最有说服力的。因此，参与式培训十分注重引导参与者从对个人经验的回顾和反思中加强对事物的理解。尽管不同的参与者的个人经验不同，然而不同的经验背后却有着共同的深层次背景，即社会层级机制。因此，在有关社会观念、资源分配和社会结构中，每个人都有自己的许多经历和体会。在参与式培训过程中，以多样的活动形式来确保学员参与的积极性是较常见的。例如，引题→小组头脑风暴→小组交流→集体交流→达成认识；又如，角色扮演→个人头脑风暴→小组头脑风暴→组际交流→共同体验。各种方法交替使用，并根据不同内容酌情选用。

5. 体验与实践的策略　体验性学习是参与式培训的又一大特点，通过行动研究学习，解决学员理论与实践的转化问题。它是"自上而下""由内而外"的一种过程，也就是参与者通过"自我反思"不断修正认知，即提出问题、解决问题的行动、观察、修改、再行动的循环过程。从中可激发参与者学习思维的活力，并调动群体参与的积极性。例如，可通过设计活动方案，做一些小的研究项目，设计自己的行动方案等。其实施要点包括以下几个方面。

（1）把握机会、积极体验。在参与式培训中自我展现的机会有许多，关键在于学员自身如何把握与珍惜，努力克服思维惰性，积极参与，变惰性为活性。

体验过参与式培训的学员都清楚，在其进行过程中辅导员并非是"信息传递者"或是"答案公布者"，而是强调每位学员运用自身已有的知识或经验去主动构建知识，在实践中反思、在反思中提升，然后通过合作与交流生成新经验。而且，每一位学员在自己的工作岗位上都有着自己的经历、经验，以及对事物的看法、评价，辅导员如果能了解每位学员的情况，以此为基础开展活动、按需进行、按异分组，能使培训学习活动更加高效。

（2）情感与激励策略应用。在培训中也需要以情感为支撑，以激励为要素，帮助学员主动、愿意参加培训。幽默的言语、亲切的态度便能赢得学员的好感，使活动气氛活跃而轻松。而且，在这种状态下学员智慧的火花易迸发，思维的灵感易激发，从而发挥出前所未有的潜能。

（3）彼此沟通、放松心情。在参与式培训之前，沟通尤为重要。它能使陌生的学员相互认识，并可能因同样感兴趣的话题而走近。例如，聊聊近期发生的愉快的事，谈谈自己最感兴趣的事等，均能缩短彼此间的距离，使原本严肃、古板的培训顿时轻松、活跃起来。

（4）激励为先、贵在主动。在参与式培训中需要鼓励与肯定。一个肯定的眼神、一句赞许的话语都能增强学员的自信，激发主动交流的愿望。在培训初期，这就显得更为重要。它能使习惯了听的学员们敢于在集体中说，进而大胆主动发言，形成争着说、抢着说的良好研讨氛围。当然，激励的方法有多种，有语言、形体等多种表达方法，也有明示、暗示等多种表示方式，而激发学员主动性是其目的。

总之，参与式学习相信受训者的潜力，但又看到个人思想和能力的不足，因而注重小组或者团队的作用。它不要求受训者统一思想和认识，而是帮助受训者互相倾听、互相接纳、多角度看问题和换位思考。它否定外在的权威和灌输，激发内在的动力和自我反思。用苏格拉底的话来说，参与者就不能只是把"智者""权威"的"宁馨儿"领养回去，而必须自己经历"生孩子"的过程。

第二节　成人学习理论

20世纪60年代左右，美国著名成人教育学者诺尔斯提出的关于成人学习的四项基本原理，全面综合地反映了成人学习特点，为农民田间学校的发展奠定了重要的基础。

诺尔斯认为，成人的自我概念从儿童时代"依赖型个体"转变为"能够自我指导的个体"，成人在不断成长的过程中积累的丰富工作经验和生活经验是进一步学习的重要资源。这就要求成人教育课程能够为成人提供机会，使他们能够进入课程的规划、设计和评价过程，并将他们自身的需要和要求融入到课程设计中。对成人教育的课程开发者来说，应该把教与学的过程看作是学习者和辅导者双方共同的责任，其目的是激发学习者主动参与学习过程，而且应该把教师定义在促进者的身份上，因此给予这种教师一个恰当的名称——辅导员；同时还强调设计和实施教学的过程能有意识地将新知识的学习与学习者的经验进行联系，并尽可能采用能够充分挖掘和利用个人经验的一些学习形式，如讨论法、案例法等。

长久以来，针对农村成人的培训一直搬用儿童学习的理论来指导成人学习。传统的教学方法，填鸭式的学习方式难以满足成人的需求，导致成人厌恶学习、老师应付教学的恶性循环的局面。而农民田间学校是对以往农民培训的颠覆和创新，主要包括小组讨论、讲课、田间课堂、外出参观、做游戏等方法，突出了参与式学习和成人培训的特点。而农民田间学校的诞生和发展主要和人本主义、激进主义成人教育观联系最为紧密。

一、成人学习受动机驱动

你可以强迫成人参加培训，但你不能强迫他学习。只有自愿学习时，效果才最好。以下是成人愿意学习的原因：

（1）寻求新的学习经历，应对生活中的改变，如新工作、提升、解雇或退休、结婚、离婚、亲人去世等。在这些情况下，学习其实成了对重要变化的适应方式。

（2）对大多数成人来说，学习本身并非真正目的，他们参加学习可能是因为要运用所学的知识和技能。

（3）还有一个重要的动机是想提高或维护自尊或保持一种愉悦的心情状态。

（4）过去，我们总认为年轻人获取信息快，而年长的人更能够智慧地利用信息。好像智慧是随着年龄的增长而产生的。这一观念对课程设计有以下指导意义：

①要获取并使用新的信息，成人需要把新的观念与其已经掌握的知识联系起来。

②与公认真理相冲突的信息，要建立起联系会慢一些，因为需要重新评价已有的信息，这就影响了新信息的吸收。

③与原有知识不相联系的信息，吸收起来较慢。

④培训进度过快，内容太复杂，或非正常的学习任务非但不会提高学习效果，相反会影响学习效果。

⑤成人在动手操作时较慢，但更准确。

⑥成人常常会因错误而影响其自尊，所以他们会用已经证实是正确的答案，而不会冒险。

⑦成人更喜欢独立学习，而不愿意大家一起学习。

⑧成人独立学习并不是指单独学习，而是指学员想在课程设计中提出自己的想法。

二、对成人教学的思考

1. 成人在课堂上分心的原因　我们了解最少的领域是如何帮助成人最大

限度地理解课堂教学内容，这里有一些技巧，但也只是基于理论上的，没有确切证据证明是最有效的。最大程度提高成人学习效果的方法来自于什么是让成人在课堂上分心的，例如：

（1）成人有期望，如果学员和教师的期望不一致，应该尽早达成一致。

（2）成人有丰富的生活和工作经验，这对丰富培训内容是非常有价值的。

（3）新的知识要与原有知识相结合，只有学员自己明白如何把新老知识结合在一起，因此要给他们提供机会，让他们积极参与培训。

（4）要把新老知识结合起来，成年学员需要消化吸收过程，而实际实践活动提供了这一机会，尤其是一些与工作有关的活动。

（5）成人可能害怕培训，在同学们面前展示新知识或技能时，他们的自尊可能会受到威胁。另外，他们还要把以前的感觉带到教室来，如以前学校的经历，对权威的态度，精力不能集中，工作的考虑及个人事情等，这些都会影响他们的学习。

学习理论作为一个源泉，最有影响的四个理论是：人文主义、行为主义、认知理论和发展理论，与不同的学习任务相结合，会提供有价值的指导。培训员需要理解怎样最好地应用它们。

2. 马尔科姆·诺尔斯的"成人教育"理论　现代成人学习理论认为，成人的学习能力在30岁时达到顶峰，30~50岁是平稳的高原期，50岁以后才开始下降。甚至还有不少专家估计，成人大脑未曾利用的潜力高达90%，可见成人学习的潜力仍然是相当巨大的。成人培训中的学员通常都是成人，他们与年轻的全日制学员有着显著的不同。对于他们的培训属于成人教育的范畴。马尔科姆·诺尔斯（Malcolm Knowles）是一位在成人教育领域很有影响的人物，其贡献主要集中于他的"成人教育"理念。这是一种与关注孩子的"教育学"截然不同的、为成人设计的学习理论。诺尔斯指出了两者之间的四点不同：

（1）自我概念的改变。随着不断成长和成熟，我们的自我概念逐渐从完全的依赖（婴儿的状态）向自我引导转移。

（2）经验的作用。我们积累了一个不断扩大的经验库，这是一种丰富的资源，并为新的学习提供了基础。包括以实践、反思和分析（讨论、模仿、案例研究、现场体验和角色扮演）为主的教学技术，尤其适合成年学习者。

（3）对学习的准备程度。比起与社会角色相关的任务来，成人更少受到生理发展和学术压力的驱使。辅导员应该提供选择，以使参与者能够集中关注在某个阶段对他们的发展最重要的内容，而不是介绍应该学习什么。

（4）学习的定位。诺尔斯指出，如果小孩的学习是以主题为导向的话，那么成人则倾向于以问题为中心。成人来到教室是因为他们缺乏某些知识；他们需要能够在现实世界中立刻应用的信息和技能。

　　成人一般是通过在自己已经掌握的知识和经验的框架内对新信息的确认来完成学习的。

　　新知识和经验（经历）是通过记忆和回顾已知的知识和技能（分析），以及对新观念的比较测试而获得的。然后，新的知识和技能将会通过学习者使这些知识和技能与他们自己的生活联系起来，也可能通过与别人分享这些知识与经验，而真正成为他们自己的东西。当这些新的知识和技能能够应用于新的环境（归纳）下时，学习者又产生并获得了新的经验。明确这个学习循环各个环节之间关系的辅导员能够帮助成人获得更高的学习效率。

三、成人学习的基本原则

（一）学习过程是个人内在经历的过程

　　成人学习过程主要是由成人自己控制而不是他人控制的。感知和习性的变化使成人对接触的新思想观点、概念或者体验赋予一定的内涵。外来者给学员提供新的信息并为其获得新的经验提供体验的机会，就可以促进他们的学习进程。学习的结果依赖于学习者自身内心世界发生的活动，需要学习者自身的投入，实际上也是学习者自身价值的体现。

（二）学习过程是提高个人理解能力和确定观点的过程

　　学习是探究与自己生活、安全、自尊和社交有关内容和观念的过程，当涉及的内容与自己的需求和面临的问题相关时，人们就更乐意从内心去实施那些观念和思想，这样人们就可以确定他们的需求是什么，应该有什么目标，哪些内容应该开展讨论，哪些方面的知识应该学习。在较宽的程序安排范围内，由学员研究决定哪些是相关和有用的学习内容。

（三）学习过程是相互合作激发学习的潜力和创造力的过程

　　一个交互与合作的学习过程可以激发学员的好奇心，开发学员的潜力和创造力。通过这样的途径，学员学习在解决当地存在的问题时就知道如何确定目标，如何安排小组的工作计划，计划如何在农户中采取行动。随着学员深入参与这个合作过程，他们通常同时发展出更坚实的自我认知能力。他们开始意识到自己的价值，能够与他人分享经验与教训，也能从他人身上学习到很多有用的东西。

　　他们开始意识到可以将自己的经验与他人分享，也需要从其他人那里学习自己不了解的知识。通过团队成员之间的交流方式对问题的定义和描述进行分析，激发团队产生创造性的答案，也能使团队在项目实施等方面更紧密地合作。

(四) 学习过程是一个循序渐进的进化过程

学习是一个循序渐进的进化过程，需要时间与耐心使学习者内心产生新的思想观念。学习不是一个革命过程，可以在一夜之间突然发生改变。学习的特征是面对面自由开放式的交流、讨论，不同思想观念的碰撞，接受和尊重他人的观点，允许犯错误，自我启发，合作协助，参与评价，积极主动投入，无胁迫，使人自信，是人本性的进化过程。

(五) 学习过程是改变自己原有观念和行为的过程

习性的改变常常要求放弃原来已经熟悉的信仰、思维、行为方式和价值观。它常常因为公开个人的思想于众目睽睽之下，面对面讨论各自的观点，使人感到不舒服、不自在。对于自身素质的提高，这种痛苦过程是必然的，然而这种摒弃旧模式的痛苦会随着思想不断地探索、发展和自身行为的改变而减轻。

(六) 学习过程是学习者本身最丰富的学习资源

传统培训强调指导性的媒体、教科书和教师在学习中的重要地位，而忽视了学习中最重要的资源——学习者本身。事实上，每个人都积累有丰富的经验、观点，有丰富的感情和对事物的看法，这些构成了他们学习和处理问题的丰富信息资源。非正规教育就是创造一种氛围，使大家能够敞开自己的心扉，利用并与他人分享自己积累的信息资源与经验，获得最高的学习效率。

(七) 学习过程是学习、情感和智力的运用过程

如果团队的目的是理智和诚实地讨论当前的问题，但是学员们不愿意敞开自己的观点，那么，团队的目标也很难实现。如果团队成员之间存在或出现了交流障碍，首先我们就必须与他们一起来解决这些问题。

即使一个团队设定了既定的目的和任务，如果成员之间相互争斗，互不买账，那也不可能很好地完成任务。

(八) 成人学习的方法具有个人特点

每个人都有自己特有的学习和解决问题的风格。有些人的风格是在学习和解决问题方面非常有效率，另一些人的风格则是在学习和解决问题方面的效率次之，还有一些则是效率很低。我们需要帮助他们定义和明晰他们通常使用的方法，便于提高学习和解决问题的效率。在他们越来越意识到如何学习和解决问题，接受不同人的学习方法以后，就会思考和改进自己个人的风格特征，使这些方法发挥更高的效率。

第三节 马斯洛需求层次理论

除了诺尔斯的成人教育理论、巴西成人教育家弗莱雷提出的"反思行动哲学"以外，农民田间学校还离不开马斯洛需求层次理论的支撑。

一、需求的不同层次

马斯洛动机理论的核心是需求层次理论。他认为，人的动机是由五种需求构成的，是以层式的形式出现的，按照它们的重要程度和发生顺序，由低级的需求开始向上发展到高级的需求，是呈阶梯状的。在低层次需求获得相对满足以后，才能发展到下一个较高层次的需求。当高层次需求发展后低层次需求依然存在，只是对行为的影响程度和作用降低而已。

马斯洛需求层次理论如图 2-1 所示。

图 2-1　马斯洛需求层次理论

1. 生理需求　生理需求是物种生存和繁衍的先决条件，是人的动物学属性，也是最低级的最根本需求。它包括吃饭、穿衣、居住、结婚和治病等。这些需求如果得不到满足，人类生存就成了问题。从这个意义上说，它是推动人们行动最初和最强的原始动力。农民需求中大部分技术需求，是属于生理需求的延伸——满足家庭生活需要，维持家庭生计的经济生产内容。

2. 安全需求　当人的生理需求得到满足以后，安全需求就随之而来。安全需求是指要求摆脱失业的威胁，获得将来年老或生病时的保障，免除职业病的困扰，减少严酷监督的威胁等。

3. 社交需求　人是社会动物，每个人都有归属于某一集群的感情需求，这就是归属感需求。希望伙伴、同事之间关系融洽，保持友谊和忠诚，希望成为其中一员并得到相互关心和爱护，或者希望得到爱情。社交需求比生理需求和安全需求更细微，它和一个人的生理特性、经历、教育、宗教信仰都有关系。

4. 尊重需求　尊重需求是指人有受到他人尊重的需要，人对名誉、地位的欲望，个人能力、取得的成就被他人认可的要求。这类需求很少能得到完全满足，它随着环境的变化而发生变化。

5. 自我价值实现　自我价值实现简单地说就是能成为什么就必须成为什

么的一种欲望，个人的理想抱负是需求中的最高层次。满足这种需求，要求最充分地发挥个人的潜在能力。

生理需求和安全需求属于低级需求，以动物性为主，而社交需求和尊重需求表现更多的是社会性，自我实现则是人所特有的。上述五个需求层次是逐级上升的。当下级需求获得相对满足以后，追求上一级的需求就成为驱动行为的主要动力。相反，如果只满足高一级需求，而没有满足低一级需求，他就会牺牲高级需求来谋求低级需求。"饥寒起盗心"的成语说明了需求的一般规律。一个人在群体中受到威胁（安全需求），就会离群而去（放弃社交需求）。

二、培训中的需求层次

需求是调动人的积极性的原动力。其缺乏状态构成了一种内驱力，这种内驱力指向一定能满足他们需要的目标。未满足的需要是激励人的积极性最根本的原动力。因此，激励农民培训的原动力就是如何使受训者体验到培训产生的结果能够满足其主要需求。

人的需求是随着条件的改变逐步改变的，参与式培训和技术推广的实施需要强调对象的特点和需求层次性，不同经济水平和文化素质的学员存在需求的差异，循环培训时，每次的需求都不一样，培训的课程设置也必然有所不同，多种循环培训需求的变化对培训主持者（辅导员）的能力要求将是一个很大的挑战。

在农业技术推广培训中也需要充分考虑对象所处的生活状态，这决定了其需求的层次性，而不能跨越式的发展。目前，我国广大农村农民普遍处于解决衣、食、住、行的基本生理需求阶段，所以，他们的培训需求也必然首先是生产技术需求，以实现他们粮食产量提高、收入增加和基本生活条件的改善的目标。

随着社会发展和经济进步，其基本生理需求得到满足以后，会逐步产生更高层次的需求，对经济条件较发达地区，特别是像北京、上海等大都市周边的农户就是实证，其部分农村农户生活的经济条件较好，接受新思想和新事物较多，思维和视野相对开阔，对安全、社交和尊重需求随之增加，有尝试新事物、实现个人发展的想法，在培训中发现部分农户有学习电脑和网络知识，获取外界信息的需求，部分农户在个人得到发展之后，有了成立农民经济合作社，通过规范管理建立优质农产品品牌，带动周边农户实现共同发展的需求，了解对象的需求驱动，才能更好地指导培训实施，实现预期培训目标。

第四节 学习循环理论

一、培训学习循环

学习过程是一个循序渐进的过程。面对产生的新问题，人们首先考虑自己是否有相关的经验或经历，并和已有能获得的信息关联，提出几种问题可能的解决方案，然后在试验中对制订的方案进行验证，对结果进行分析，如果方案可行并成功则成为个人的经验，可用来指导将来工作的开展，如果方案失败则仍然是存在的问题，需要重新设计方案(图 2-2)。每个成人在学习和工作的过程中，都无形遵循学习循环的过程，并在学习过程中使个人的经验得到增加，并指导未来工作开展。

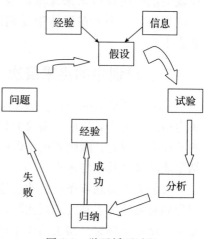

图 2-2 学习循环过程

在农业技术推广培训中，农民的学习仍然遵循这一过程，而且特别要强调的是他们也都具备这种能力，他们每天在农业生产中遇到的问题不比任何人少，比如面临生产中品种的选择问题时，他们就要综合考虑哪个品种抗病、抗虫、产量高、品质好、好管理、好销售，许多个因素需要考虑，结合他们已有的经验和信息进行综合考虑后，可能还有些不确定的因素，需要怎样判断？这就需要在培训中交给农民的一些思维方法。

学习循环的过程看起来比较复杂，其实农民的农业决策过程更为复杂，我们通过他们比较熟悉的简单事物使他们掌握学习循环分析问题的方法，在遇到新的或者比较复杂的问题时，能够通过这种处理问题的思路去解决。比如，遇到了新问题时，可以从原来的经历中寻找有没有遇到过类似的问题，可行的方案是什么？可以借鉴设计新问题的解决方案；遇到了比较复杂的问题时，则一个一个进行分析，先明确已知或者确定的因素，在此基础上，找出未知因素和关键因素，并通过与以往的经历相关联，设计问题解决方案，进行试验假设验证，得出问题解决的最佳方案。任何人在学习或者工作过程中，都无形中遵循学习循环理论，特别是在对农民的培训中，通过他们经历过的单一因素——简单问题的分析解决过程强化他们对方法的学习，在他们遇到新问题或者较复杂问题时，仍然能指导他们寻找解决问题的方法，顺利解决问题，实现对农民可持续发展能力的培养。

二、群体学习循环

成人的学习理念主要强调学习是"实践性"或者"行动导向型"的学习。参与式学习的主要目的是解决自己所面临的问题，进而解决社区的问题。这些问题的解决就是个人和集体学习的过程。它是面临问题群体中的各个个体参与到问题的分析与解决方案的探索的一个"教育性经历"。群体学习由于大家的参与、观点的分享和不同风格的呈现，能够使学习者更加意识到自身的优劣势、社会现实和对预期结果的理性期望。这种学习过程创造了有助于学习者自身变化的发生和产生行动的条件。

群体学习强调"经验学习圈"的形成。参与者从群体的经验和教训中能力提高。学习者可以自觉、不自觉地根据群体的条件来重新评估自己的需求，分析自己的愿望和目标，并会下意识地制订自己的行动计划。群体学习的一个显著特征，就是群体中的利益相关者能够持续评估和反思其学习的效果。

群体学习是通过赋权、使群体共享、分析和加强他们的生活知识和状态的途径、方法、态度、行为，并清晰分析这些因素之间的关系。

群体学习的层次有以下几个方面：①学习事实、信息；②学习新的、并能转移到其实际生活中的技能；③从失败中吸取教训；④从群体观念分享中加速观点和态度的转变。

承认群众的知识和智慧并充分利用当地的资源是群体学习的主要特征。

在培训中，学习者往往是有相同需求、兴趣和目标的群体，他们的学习过程不同于单个人的学习，具有其自身的特点。

（一）经验叠加效应

一般来说，接受培训的学员是一个群体，并且是成人，大部分学员都有丰富的经验或者经历，而每个人的经验和经历又不相同，所以，这是学习过程中的宝贵资源。当在培训班群体中进行培训学习循环时，针对提出的问题，如果1名学员提供1条经验或者信息，那么30名学员就同时有30条可以借鉴的经验或者信息，这将为试验设计和决策提供重要的信息基础。

因此，在农民田间学校参与式成人培训中，最常用的是农民专题讨论的方法，针对某一个具体问题，调动农民参与发表意见，每个人分别提出自己的解决措施，在此基础上，进行分析讨论，找出最佳的解决方法，并使所有人共享，每个人都得到共同提高。同时，农民每家每户的田地管理措施都不一样，都是一个不可重复的试验，让农民学会总结与分享，在大群体的试验中进行新品种、新产品、新技术试验，在学习群体的讨论中得到提炼总结，并推广应用。

（二）需求递升效应

受训群体随着学习推进，群体需求也不断变化，在农业技术推广培训中应该重视这一重要变化。第一阶段，农民培训需求主要集中在技术需求上，是不争的事实；第二阶段，当农民的技术需求得到满足以后，会逐步把生产过程的技术需求拓展到生产上下游问题，比如主导产业的选择、生产资料投入、产品的品牌与销售，以及协作发展等问题；第三阶段，当围绕生产需求问题解决以后，农民可能会考虑个人与社区统一协作发展问题，这也是更高层次的需求，他们更多地渴求经营管理、法律法规、安全、社交等需求。

在培训中，受训农民的素质与能力在逐步提高，培训活动的方式方法也随着农民需求改变而变化。同时，农民要成为自觉的农业技术推广培训实施者和有效的农田生态系统管理者，每个农民学员和团队都需要拓展他们的知识面，获得一系列解决问题与做决策的技能，才能在社区中采取集体行动。过去的经验告诉我们，仅靠一个季节农民田间学校的培训来掌握所有知识，并实现社区范围的集体行动与决策不太可能。农民连续几个生长季节参加田间学校培训，逐步建立一个强有力的农民发展核心团队，他们自己就可以自发地持续这种学习，并用以解决所面临的问题，将所学到的知识传播到整个社区。这种逐步提升学习循环的思路与计划见图 2-3。

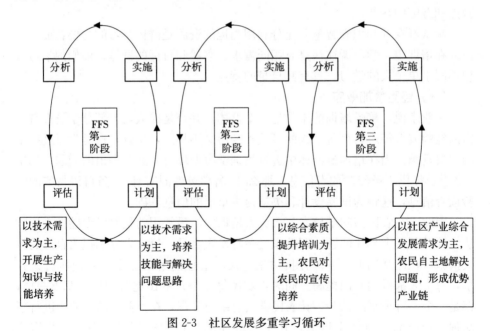

图 2-3　社区发展多重学习循环

（三）赋权与可持续发展

在农民田间学校社区要有效地开展多重学习循环模式，培训者应该了解，随着时间的推移，能力与素质培养的重点应当逐渐从以观察发现为基础的学习过程转移到解决实际问题，并使农业生产管理与决策等活动成为社区集体行为。因此，随着农民小组能力提高和承担培训内容的增加，培训活动的主持权应当逐渐从辅导员转移到农民，使受训者从最初参与活动，并拥有主人翁意识，到更多地主动开展自我学习活动并进行农民田间学校管理，树立主体意识和责任感，再到逐步自主寻找支持和相关信息，实现社区综合发展，重点在活动组织与形式，以及支持和运行机制上需要探索。随着农民素质与能力的逐步提升，赋予其更多的自主权和责任，目标是实现自我可持续发展。表 2-1 描述了在学习循环中农民与辅导员角色变化和培训重点转移情况。

表 2-1　在学习循环中农民与辅导员角色变化和培训重点转移情况

项目	农民田间学校第一次循环	农民田间学校第二次循环	农民田间学校第三次循环	解决存在的问题，开展农民之间推广与宣传，实现社区综合发展
强调培训学习过程	侧重知识与信息的传递，通过探索性方法学习生态学的基本概念、原理、观察技能和农事管理措施，并初步掌握决策方法 介绍试验方法	进一步的知识与信息培训 强化综合能力培养 进行改进性的试验 进行农民对农民的知识的传播	更高级的培训 改进性试验和针对解决存在问题的培训 农民对农民的培训、宣传 初步进行集体措施与社区发展行动	自我查找信息资料 改进性试验和解决存在问题 农民对农民的培训和宣传 集体措施与行动 组织化程度提升、品牌发展，实现社区优势产业链条
自主权/角色/支持				农民/社区 项目/辅导员

第三章
农民田间学校基本要素

农民田间学校是参与式方法在农民培训和农业技术推广中应用的典型，经过不断实践、发展和完善，形成了自身的特点、相对系统的培训方法、完善的培训模式、规范的培训内容，从这些方面和传统的培训相比，农民田间学校更加注重培训对象的特征和潜力、学习特点和学习规律，突出其在学习中的主体地位，营造一个宽松愉快的学习环境，有利于激发学习者的积极性、创造性，最终形成共同谋取发展的协作团队。

第一节　农民田间学校基本内容

农民田间学校和传统的培训有很大不同，所以，培训目标也超出了传统的范畴。农民田间学校短期目标是通过培训，推广新品种、新产品和新技术，促进农民增收致富，实现农业生产高效、可持续发展。一旦这种能力建立起来并在生产中得到应用以后，期待获得以下培训目标：通过综合管理技术措施的推广应用，提高作物产量或者减少生产投入，增加农户经济收入；培养农户科学用药意识和技能，提高农产品安全水平，改善农民和消费者的健康状况；通过减少化学品的投入和采取与环境更相容的农业管理等综合措施，促进农业生态系统的健康可持续发展；培养农民技术专家，实现农民之间的技术、信息共享与传播；强化协作意识培训，培养农民发展团队，实现协作发展，注册品牌，提高产品附加值，实现社区综合发展。

传统的培训仅仅局限在农业技术本身，而农民田间学校使培训对象参与到技术采用和效果评价的全过程，不但有利于农民掌握技术，而且明白技术应用的前因后果，在这个过程中贯穿对农民发现问题、提出问题、分析问题和决策能力的培养。同时，为了发挥农民田间学校学员的辐射带动效果，融入社区集体协作与发展。

一、农民田间学校包括的主要知识

（1）生物学、生物物理学方面的内容，如植物生理、病虫生物学、生态学、肥料构成。

（2）农业生态系统管理的基本生态学原理，如土壤生态、食物网、营养循环。

（3）有利于生态的作物管理措施与技术，如品种选择、健康种子准备、栽培措施、植物病虫害生物和物理控制，尽可能减少药剂等化学品的投入，并科学合理地使用。

二、农民田间学校应该包括的技能

（1）基于可靠信息基础所进行的决策，如田间观察方法、农业生态系统分析、信息搜寻。

（2）解决存在的问题，如问题的识别和确定、合理制定目标、开展科学试验（计划、实施、分析）、结果分析方法。

（3）可持续的农业经营管理，如系统计划的制订、农事操作、投入产出档案记录、经济效益分析方法。

三、综合知识与技能培训

（1）态度和意识的改变，如自信心、农产品安全意识、农产品品牌意识、团队与合作意识。

（2）宏观政策与信息获取，如相关法律法规、农业发展规划与政策、网络等信息获取渠道、安全生产与卫生保健。

（3）综合能力提升，如交流与表达、聆听与观察、归纳与总结、组织与协调。

四、农民田间学校的社区活动知识

植物病虫害和动物疫病综合治理，特别是蔬菜等农业生产系统的病虫害综合治理，只有在一定的种植区域内采取统一实施有害生物综合防治措施，才能有效地发挥作用。有害生物综合防治的成功依赖于农业生态系统的稳定性，而农业生态系统的稳定是不可能在很小的田块上实现的。当我们在一个小型农户田块中实施有害生物综合治理措施，而其邻居仍在无限制地大量使用化学农药，怎么可能使我们的目标田块实现农业生态系统的稳定呢？农民田间学校的毕业学员应该成为他们所在社区有害生物统一防治和动物流行性疫病控制运动的发动机。

在京郊农民"一家一户"分散种植经营的局面下，农民学员在农业生产资料购买和农产品销售方面处于明显劣势，假冒伪劣农资坑农害农事件屡有发生，由于缺乏监管，农产品安全事件仍有发生，产出品优质不优价的现象日益突出，这些都对农业的组织化、规模化发展提出了要求，而且农民组织化程度的需求排在了第二位。农民田间学校培训活动在技术培训的同时，强化团队意识和农民带头人培养，把农民从投入品采购，到生产环节管理控制，再到产品销售紧密联系在了一起，受到农民的广泛欢迎。一户农民很难在生产资料的采购上寻找商家、进行讨价还价，也很难采取集体行动，实现规模化种植和品牌创建，需要群体的协作开展市场共建活动，更需要一位有组织能力的带头人把大家团结起来。农民田间学校不但给了农民技术和分析解决问题的方法，而且通过小组、团队活动培养了一批优秀的学员群体，并选拔农民带头人进行重点培养，带动大伙共同发展致富，共建和谐社区。所以，与农民田间学校相关的农民集体行动可能有以下几个方面：①在有害生物综合防治理念、原理、信息、知识和技能方面，开展农民对农民的辐射；②农业生态系统保护；③特定病虫害或疫病的统一防治和集体控制；④市场信息共享；⑤社区共同协作发展；⑥当地相关政策的制定。

五、农民田间学校的预期效果

农民田间学校从推广手段方面增强培训效果，并强调在学习过程中对农民综合素质和技能的培养，所以，农民田间学校的预期效果可能体现在以下几个方面：

（1）新品种、新产品的采用率明显增加，从改善推广手段入手大大提高了技术推广的到位率。

（2）农民掌握应用科学技术，通过节支增收实现了良好的经济效益，主要通过农户综合管理措施条件下和常规管理条件下经济效益对比体现，或者通过当年综合管理条件下和往年类似条件下经济效益对比。

（3）农民掌握了农业综合管理措施，化学农药施用量降低20％以上，天敌得到保护与利用，大大改善了农田生态环境，减少了后续投入品的应用，提高了目标作物的品质。

（4）农户掌握了有害生物识别知识和综合控制技术，主要害虫种群密度下降，抗药性明显下降，害虫猖獗问题得到缓解，有利于农业可持续、健康发展。

（5）农民计划能力和生产管理能力得到提升，学会了算经济账，能够合理选择农业发展种类，合理地安排生产投入和支出。

（6）农民的综合素质提高，特别是提出问题能力、分析思考问题能力，以及解决生产和生活中实际问题的能力显著增强。

（7）农民协作发展意识和合作化程度得到提升，培训后农民通过组建合作组织或者技术服务队等方式，带领大伙共同发展致富。

（8）农民品牌意识和食品安全意识得到增强，受训后，农户围绕优势主导产业注册品牌，并通过多个环节控制产品质量和品质。

农民田间学校在培养农民的创新性思维方式，良好的合作态度和科学的决策等方面取得成果。许多学员受训后不仅获得了直接的经济效益，而且社会关系更为和睦，生活质量进一步提高，许多学员的社会地位得到了提高，担任了村、组的领导。

第二节　农民田间学校基本特点

农民田间学校是一种典型的参与式农民培训方式，农民田间学校与普通参与式培训的不同之处主要体现在学员的特殊性上。农民是直接从事农业生产的劳动者，他们整日与泥土打交道，与土地有着天然的联系，储备有丰富的乡土知识和实践经验，并且具有极强创造性。因此，农民田间学校培训与传统的学校教育和成人教育存在极大的差异，是"帮助成人学习的艺术和科学"。农民的知识来源不是依靠书本阅读和教师传授，而是在不断摸索和试验中逐渐积累的，由于培训对象本身具有极强的实践性和动态性，对其开展培训不应采用课堂式的封闭式培训，而且课堂式的讲授往往是对农民耐力的考验。农民田间学校就是针对农民自身的特点开展的一种技术培训活动，这种培训根据农民丰富的实践经验，通过学习者全方位的参与使学员的潜在智力资源得到开发，实践证明农民田间学校相比以往单向的课堂教学更加富有实效。

（一）农民田间学校模式主要特点

农民田间学校始终强调以人为本，并且立足农业生产实际的需求，采取非正规教育将知识技能传授给农民，利用多种形式让农民在活动中做"科学研究"。农民田间学校有以下几个特点。

（1）农民田间学校强调以农民为中心。农民田间学校工作对象不是"技术"，而是"人"；不是强行让农民接受技术，而是考虑他们需要什么，如何让他们产生接受的意愿，以及他们是否将其付诸实际生产。在农民田间学校中，参与主体的角色发生转变，辅导员只起"导演""主持者"和"协调者"的作用，其工作目的在于引导、启发农民自己发现问题、分析问题以及进行决策。

（2）农民田间学校以田间为课堂，没有教室。农民的学习场所在田间，通过田间生产实际的观察、分析比较并评价技术应用情况与效果，这种对现实生产环境的观感和参与性能够让农民更深地融入到教学活动当中，因此农民田间学校调动农民在田间亲自动手实践，不但使技术能深刻烙印在农民心中，而且农民参与效果评价，一旦效果好能马上应用。这个过程使农民感受到自己在培训中的主体角色，增加了学习主动性，提高了技术采用率。

（3）农民田间学校强调通过实践学习。农民田间学校的培训内容都是基于农民生产中的实际问题，辅导员引导农民开展科学研究，学员主动参与到贯穿生长季的实践活动中，并在实践中进行学习、分享经验、依靠自己的力量寻找问题的答案。过去的经验表明，如果使农民连续几个生长季节参加农民田间学校，那么他们自己就可以持续开展学习，解决社区所面临的问题，并主动将知识传播到整个社区。

（4）农民田间学校的最终目标是培养新型农民。农民田间学校的培训重点在于农民通过能力建设开始具有自主决策的能力，可以依靠自身的决策构建社区发展机制。农民田间学校本身是一个动态的概念，因为农民的生存环境是动态的，农民需要在生活中对动态的环境做出种种回应，因此培养农民的分析决策能力至关重要，只有具备了这种能力，农民才有可能积极主动回应动态的自然环境、社会环境，避免始终处于被动的地位。

（5）农民田间学校是对原有传统室内培训的突破，并且具有很强的创新性。和传统的技术培训相比，农民田间学校参与式培训在参与主体、农民意愿、活动内容设计、组织方式、学习方式、沟通模式等 12 个方面存在不同，表 3-1 进行了详细的比较说明。

表 3-1　农民田间学校与传统培训比较

项　　目	农民田间学校（以培训对象为中心）	传统培训（以培训者为中心）
参与主体	农民	教师或技术专家
农民意愿	农民参与讨论和沟通，意愿能全部表达	农民不能充分表达意愿
设计思路	以农民生产存在的实际问题为辅导内容，自己动手调查、分析，制作课件	制作固定内容的教材，聘请老师讲课、田间观摩与咨询
组织方式	以村为活动单位，农民自愿、自发组织，上级支持，辅导员每周一次辅导	有关市、区（县）、乡村领导有组织地开展 50~200 人的集中培训、讲课或咨询
学习方法	与学员互动启发	专家讲授
沟通模式	双向沟通	单向传递

（续）

项　　目	农民田间学校（以培训对象为中心）	传统培训（以培训者为中心）
对农民的态度和基本评价	友好平等没有歧视	严格被动
与对象的关系	平等	重师道尊严
目标导向	以农民需求为导向，重视过程和结果	以专家判断为导向，只重视结果
推广结果	农民由最初的被组织或自愿参与活动，逐步表现为自发地组织活动，独立分析解决问题能力和团队意识得到了增强	农民依赖专家，独立分析解决问题能力未得到有效的提升；农民团队意识、带动、自发组织意识弱
效果评估	农民票箱测试、成果展示、考核评优	缺少对农民培训效果的考核评估
可持续性	农民角色由单纯的受体，演变成了技术、信息的再传播者和组织形式的延续者	固化了农民的受体地位，农民自我发展和技术扩展能力弱

（二）农民田间学校知识信息传播体系

在知识和技术传播体系运行方面，农民田间学校由传统的以技术为主线转变为以人为主线，在运行上建立稳定的传播体系，体系最高的一个层级是培训专家，培训专家既掌握丰富的专业技术实践知识与技能，又懂农民田间学校参与式工作和方法，培训专家负责培训高级辅导员。为了保证农民田间学校能够在基层成功开展，需要对辅导员进行专门培训。一方面希望辅导员能够掌握并熟练应用参与式工具，使"参与"的理念首先传递给他们；另一方面希望辅导员能够通过办学发现并培养农民辅导员和示范户，从而实现可持续办学。同时，通过培养的科技示范户或农民学员在社区发挥辐射带动作用。在农民田间学校的知识和技能传播体系中，很多上一层级培训的方式和方法可以通过分享照搬到下一层级应用，构建成知识"传销"体系。

整个项目开展过程中，真正的参与者主要是辅导员、学员和非学员，辅导员通过培训学员来传递知识并发现农民辅导员和示范户，由农民辅导员再去带动和影响非学员，整个过程的目的就是通过技能传递将辅导员的办学活动逐渐从上游下放到社区，并内生为社区的集体活动。农民田间学校的知识和技术分享和传播过程如图 3-1 所示。

（三）农民田间学校的主要意义

与传统的农业技术推广相比，农民田间学校把技术推广与农民教育培训、

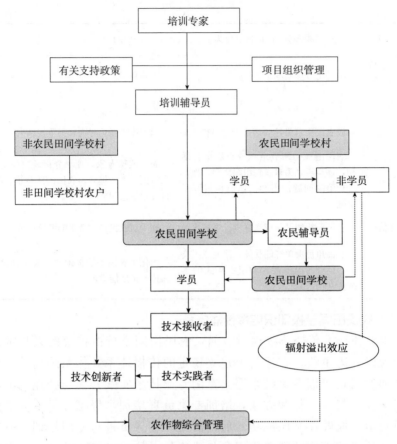

图 3-1 农民田间学校的知识和技术分享和传播过程

农民能力发展、社区发展等实现了高度结合与统一，把农业推广延伸到了人的发展，有助于有效解决农业技术推广全过程中的问题，农民田间学校主要具有以下几方面的重大意义。

1. 农民完全主导地位的确立 农民田间学校以参与式发展理论为指导，强调以农民为主体，一切活动以农民为中心，由他们参与活动决策全过程，而技术人员、辅导员、政府部门积极配合，并提供有效支持。

2. 对传统推广体系的延伸和完善 农民田间学校培训中，充分挖掘农民的自我知识、技能传播和拓展能力，使农民由最初的被组织，逐步到自愿自主开展活动，最终实现自发地组织活动。在这一过程中，农民的角色由单纯的受体，演变成了技术、信息再传播的主体，成为农业技术推广的有效新途径。

3. 对典型示范策略的丰富 农民田间学校开办充分顾及了农民群体的异

质性和不同特质的农民个体的不同需求，开展合乎他们兴趣和能够解决迫切需求的相关活动。所有学员都得到了提高，不只顾及典型"进步农户"或"大户"。

4. 对农村社会教育的介入　农民田间学校以提高农民科学技术水平，促进农民意识行为的改变为目标，强调方法能力培养和针对农民的文化指导。在内容上是以农民实践需要为基础，穿插技术推广、教育、提高生活质量、改善环境等影响农村社区生活的各个方面。

5. 对分散经营合作化的引导　农民田间学校通过团队建设活动、协作意识培养和后培训活动的补充，使参与者逐渐形成具有一致利益诉求的经济共同体，并实施相关的生产合作、市场共建和维护、环境资源开发和保护等市场活动，使农民实现有效谋利，争取最大权益，加快农民组织化进程。

第三节　农民田间学校基本构成

组织农民田间学校时，首先要召开一个由村干部和当地农民参加的准备会议，使当地社区了解将要实施的培训活动，并开展农民需求调研与评估，评估地点选择和目标作物选择的可行性。农民田间学校围绕作物全生育期在田间地头开展培训，每周培训一次，每次半天时间，通过每周一次在固定的场所聚会这样非正规的学习中，分析、讨论他们的农事措施，然后决定应该采用哪种措施，并开展效果评价，每所学校活动大约持续 14 周。农民田间学校包括的基本要素如下：

1. **辅导员**　辅导员 1 人，助理辅导员 1～2 人。
2. **农民学员**　一般有农民学员 25～35 名，人员固定。
3. **培训场所**　具有农民开展学习活动的固定场所和基本条件。
4. **试验场所**　有一块开展科学实验、技术示范的展示田。
5. **学习周期**　作物从播种到收获的全生长季开展活动。
6. **农民活动日**　开展学习辅导活动，每次 2～4 小时。
7. **培训计划**　开展参与式农民需求调研，根据问题制定培训计划。
8. **效果评估**　训前训后票箱测试、农民评估、辅导员自我评估等。
9. **成果展示**　活动结束时进行学习成果展示与汇报。
10. **开学典礼和结业典礼**　体现政府重视程度，增加责任感。

农民田间学校构成中最基本要素包括三个方面，活动的主体——农民学校学员，活动的组织者——农民田间学校辅导员，活动的场所——培训教室以及用于学员实际操作的试验田。

一、农民田间学校学员

要发挥学习效率，必须激发学生。要激发学生，必须让他们感兴趣。当他们积极参与能与自己的价值观和人生目标相结合的项目时，就会有兴趣。

农民田间学校一般有25～30名农民学员，分成4～6个小组学习。为了能充分将发言权、思维权和决策权赋予每位学员，使学习的中心真正转移到学员之中，农民田间学校需要将学员按照一定的需要，分成4～6个小组，给予每位学员更多的机会，调动每位学员的积极性，学员能够更好地自我组织、自我管理，在学习知识、锻炼技能的同时，也能够提高组织和管理能力，全面实现提高素质的办学目的。小型分组是参与式培训的基本单位，人数3～8人。

分组还因声音嘈杂而被称作"畅所欲言"小组，它拥有以下多个独特的优点：

（1）小组允许每个人相对轻松和明确的参与。

（2）小组允许和鼓励以低风险、无威胁的方式富有意义地参与培训。不得不在大庭广众下站起来发言或提问，与在少数学员面前参与真正的意见交换相比，对发言者来说，前者的"风险"更大，这就是为什么许多农民不愿意发言的原因。

（3）小组提供了向其他学员学习与检验自己的意见是否正确的机会。

（4）小组是一种灵活的手段，可以重组（"来，我们重新分组，这样就可以结交新学员，与新同伴合作。"），人数可多可少。

（5）根据个人的兴趣、经历和工作背景等进行分组，可以实现对个人需要和差异的认可。

（6）小组可带来对合理解决问题至关重要的各种观点。

（7）小组可产生亲切感，提供支持与承认的源泉，带来互相熟悉的机会。（显然，熟悉的程度和深度会因任务性质、接触时间、个性差异和需求等的不同而有所不同。）

为了实现最佳沟通和创造最和谐的气氛，他们需要面对面的接触和沟通。因此，小型分组需要把该组的学员座位摆成一个真正的圆圈。

随机分组的简便方法就是，只需要让大家按顺序依次1，2，1，2…报数，报1的一组，报2的一组，如此进行。其他的任意重新分组方法，可以是指定相邻的几个人分成一组，也可采用让人们随机转过身的方法，或者让参与者随意走动挑选新的组员。分组以后可以根据各组之间的平衡（如男女、经验、年龄等），进行适当调整。

二、农民田间学校活动场所

（一）培训场所

每所学校都要求有一个相对固定的学习场所，根据情况不同因地制宜地选择地点，一般选择村级社区，比如村培训室、村委会、合作社等地方。培训室一般要求具备能容纳 30～50 人的空间，有桌子、椅子、白板等基本条件，距离上最好方便学员学习。

（二）实践场所

根据成人学习方式中，实践动手操作方式成人记得比较牢的特点，在农民的培训中设置试验田，供农民观察、动手参与实践。试验田一般分为农民常规管理田和学员综合管理田（又称 FP/IPM 田，有时还设置生物多样性田，即 BD 田），常规管理田由学员按照往年常规管理方式进行，综合管理田主要是供学员实践试验，采用综合的有害生物防治、水肥管理等技术，对比两种状况下的产量和收入水平，使农民在参与中评价科技带来的实惠，并主动采用新技术。同时，试验田还可以根据需要，进行新品种、新产品、新技术评比试验，由农民开展的评价有利于提高技术的推广应用效率。设置生物多样性田主要是让农民观察不同的用药等管理措施对生物多样性的影响，学会利用安全、环保措施进行农事管理，保护生物多样性和生态平衡。所以，无论从保证农民学习效果需要，还是农民掌握科学技术意识和技能需要，设置对照观察试验田是必需的。

三、农民田间学校辅导员

每所田间学校分别需要 2～3 名辅导员组织学员开展学习活动，农民田间学校的辅导员远不只是一个老师或者指导教师。他扮演着更复杂的角色——一个有丰富经验的农民，询问者，组织者，协调员和技术员。

一个好的辅导员应该使每个农民学员都感觉到自己的个人价值。他应该能够在观察到学员的表情以后，采取恰当的措施和活动，能够处理好一些棘手的情况。农民田间学校辅导员最重要的任务、扮演的角色和采取的姿态有下列内容：

（1）在开展农民田间学校培训活动以前，农民田间学校辅导员应该辅导乡村社区开展需求和机遇评估，针对当地的具体问题设计课程表。

（2）安排学习田块用来开展田间观察、田间试验和动手实践活动。

（3）在开展每一次活动前都要准备好有关专题内容、团队活动、游戏等活动所需要的全部材料。

（4）在每次活动前都要详细介绍和解释活动的目的和具体步骤。

（5）与学员一起观察、分析和学习田块的内容，通过对学员提出一些相关的问题，激励学员开展深入细致的调查与观察活动。

（6）尽量使讨论生动活泼，保持流畅。只要学员讨论与课程题目有关的内容，就要鼓励他们与他人分享任何观点。有时辅导员还应该使学员明白有学员在发言时，其他人应该集中注意力听他讲。要重新启动一个缺乏活力的讨论，辅导员应该通过提出类似的问题，如"还有谁没有发表自己的看法?"或者说出自己的看法；如果讨论不充分，辅导员也可以提出一些比较难的问题，或者提出有争议的观点，引起学员的反应和思考，使讨论继续进行下去。

（7）密切注意每个学员的参与，确保没有人支配着讨论，鼓励沉默、不发言的人积极参与讨论与活动。

（8）当学员根据他们自己的观察和讨论仍不能回答某些问题的时候，辅导员应该有能力依据自己的看法或经验清楚明晰地表达自己的观点。

（9）农民田间学校的日程与活动安排应该按计划进行。如果日程和内容有变化应该征得全体学员的同意。

（10）尊重学员和他们的意见、观点。

（11）要有系统性。这是指当要帮助学员理解一些新事物的时候，都要从简单到复杂，先从他们知道的开始，再到他们不知道的，循序渐进。

（12）辅导员的一些行为会妨碍学习的过程，例如：

①缺乏自信。

②给学员粗略或不清楚的解释，安排活动时不清晰明了。

③由于不想承认自己不知道答案，因此给学员回答错误的信息。

④使用一些不恰当的方法或者开展一些不适当的活动。

⑤没有很好地组织，不是按步骤进行，时间安排差。

⑥做决定（决策）看起来很模糊，犹豫不决。

⑦对学员采取消极的态度，故意为难学员。

⑧给学员的印象是对培训和学员不感兴趣，不耐烦，或者没有能力集中学员的注意力。

作为辅导员应该经常向学员提问，使学员简练地回答他们已经了解的内容和需要进一步学习的内容，能够帮助学员自主地产生新的观点与思路。

参与式需求调研

许多培训者都是靠假设或者根据工作任务来确定培训需求，进而设计一个培训、活动或研讨班，忽略受训者的能力现状和真正需求，往往达不到应有效果。尽管很多培训者过去对农民非常熟悉，并具有丰富的培训经验，但由于存在信息的不对称，还是应当进行培训的需求评估，并进行认真研究后制订培训计划。培训需求是个人或群体需要通过培训来满足的具体的要求，是培训者当前知识与能力现状和要达到目标之间的差距。同时，培训需求应该与兴趣有所区别。

第一节 需求调研计划

参与式需求调查研究非常强调外来者共同分析和共享信息，不是外来者简单地从当地农民那里获取信息，而是让农民参与到信息的分析研究之中。这个过程，不仅能把当地农民有关本地的社会经济、农业生态和经营管理经验融入到今后的培训活动中去，更重要的是，在农民参与分析研究决策的过程中，他们会无形中获得了对今后培训的归属感。为了指导培训需求调研的顺利开展，提出需求调研计划制订工作思路和方法，首先需要明确调研目的；确定调研内容，对内容进行分类，根据相应调研内容确定所使用的调研工具和方法；制订详细的实施计划，实施调研，总结调研信息并反馈。

制订需求调查研究计划，是为了参与式调查活动的顺利、高效进行，使其能够达到预期的目的。一般情况下，在制订调研计划时，需要优先考虑调研过程对调查对象的便利性，尽量简化过程，突出重点。

一、调研目的

通常根据即将开展的工作内容确定调研的目的，农民田间学校的调研目的是为了初步了解当地产业发展总体情况现状、存在的突出问题、农民需求、问题产生原因、拥有的资源，以及相关领导支持程度。在分析产业问题、技术储备、潜在资源等综合因素基础上，确定调研地点是否适合办班，如果合适就确定培训目标。

二、内容计划

调研内容计划是指根据调研目的，提前计划农民需求调研所涉及的内容，对于这些可能涉及的内容要提前讨论，部分内容需要预先以图表的形式写出来，以便调查者在调查实施过程中参考。

(一)调研内容

调研的具体内容根据调研的主题确定，一切以服务于调研的目的和主题为目标，调查内容计划主要可能包括以下几个方面：

1. 被调查者的基本信息 主要包括姓名、性别、年龄、文化程度、身份类型、收入来源与构成等个人基本信息。

2. 产业结构 主要包括农业产业类型、各产业规模、各产业所占经济收入的比重、各产业发展趋势、存在的突出问题等基本信息。

3. 主导产业生产现状 主要包括主导产业产量情况、销售单价、单位面积产值、存在技术问题，以及问题重要性等基本情况。

4. 推广培训现状 包括接受培训内容、培训方式、培训次数、培训来源、理解程度，以及存在问题等基本情况。

5. 农资购销 包括生产资料种类、数量、价格、信息渠道和购买渠道等基本信息。

6. 产品销售 包括市场情况、销售对象、销售价格等信息。

7. 引进的关键技术 包括当年引进的关键技术名称、优势、获取来源、获得方式等信息。

8. 问题 主导产业存在的限制性问题、问题重要性、解决办法、进一步解决建议等信息。

(二)设计调查问卷

根据问卷设计的原则、要求和当地具体情况设计问卷。注意问卷要力求简单明确，应避免不同问卷之间有交叉重复内容，避免有争议的问题。

(三)制订访谈提纲

访谈提纲与问卷不同，它是在与农户座谈时提醒访谈者按照时间顺序访谈的内容大纲，是具体问题的综合与抽象概括。农民培训需求访谈提纲一般应该包括以下几个主要内容：①农户的基本情况；②从事的主要农事活动；③收入的主要来源；④家庭收入和支出情况；⑤生产生活中存在的问题；⑥过去解决问题的方法；⑦存在哪些不能解决的问题和困难；⑧可能解决的途径；⑨通过培训可能解决的问题。

三、工作计划

调研工作计划是如何开展调研的想法与工作安排。调研工作计划是给调查者自己做的计划。调研工作计划包括以下几个方面的内容：

(一) 调研人员

在开展调研之前，需要根据调研对象和调研目的的不同，确定调研人员，调研人员通常包括相关领导、技术人员等，对参与调研的人员进行参与式的培训，并就调研内容达成一致的意见。在开展正式调研前需要进行预调查，用来调整调查内容、调查对象和调查方法。如果需要对农户进行分组，调研人员也需要分组，并确定每个调研小组的支持人和其他参与人员的分工。

(二) 调研地点

需求调研的地点一般因地制宜，农民田间学校关键小组访谈、人员机构联系图等需要群体合作的调研，一般在村委会或者其他方便大多数村民的场所进行。而农户的个体访谈，则需要到村民家中进行。

(三) 调研对象

根据调研目的确定调研对象，农民田间学校的调研对象通常包括乡镇/村干部、以农业为主要经济收入来源的农民。在没有确定培训的主要产业时，以目标村、组的全体农民为调查对象，加上与农村、农业发展相关的当地行业人员，如农资经销店、农产品加工厂或作坊，农产品经销商，村组干部和特定的服务人员。当一个村组的农户太多，无法完全进行访问时，可以根据随机原则，将全村户主名称分别写在小纸片上，随机抽取需要的户数。在培训的主要产业已经确定的情况下，请当地村组干部，协助排除没有涉及该产业的农户。需求调研涉及较多内容时，还需要对调查研究的对象进行系统分类，分类的方法有很多种，一般根据富裕程度可分为富裕农户、中等富裕农户、贫穷农户等，根据性别可分为男农民组、女农民组，根据地位不同可分为干部组、农民组等，分组是为了更充分地了解不同类型的人群的特点和需求差异。

(四) 调研时间

调研一般控制在 2 个小时以内，时间不宜过长，合理分配每项内容的调研时间，在时间分配上要突出重点，主持人要善于引导和控制。调研的组织者千万避免迟到，因为第一次与农民接触，对农民的第一印象很重要，会直接影响到后续的调研甚至是培训活动的开展。

（五）调研组织

调研对象的组织一般由村干部负责通知与召集，一般要提前通知参加人员。调研时由调研主持人负责统筹安排调研总体安排，相关人员作为助手配合调研活动的具体实施。

（六）调研材料

调研前，根据需要协调解决调研所用的交通工具。根据调研方式，确定需要的调研材料，一般包括大白纸、签字笔、彩笔、胶条、卡片、裁纸刀、直尺，以及其他随地取材的材料。

（七）调研方法

根据信息获取的途径不同，可分为二手资料获取和进村入户获取。二手资料部分是在个别农户访谈的过程中无法获取的，可以向区（县）有关部门协调获取该村农业生产发展相关统计数据资料，或者向乡镇干部或村干部了解村产业发展相关统计信息。在二手资料获取的基础上，对相关数据进行分析，初步确定调研主要内容，包括农户基本信息、产业构成及其所占比重、主导产业规模与现状、产业发展突出问题与农民需求概况、农民经济水平与主要收入来源、农民合作组织及其发挥的作用等基本情况，通过进村入户和农户座谈等方法获取。

针对不同的调研内容考虑时间、空间的调查取样顺序，确定访谈提纲。主要采用小组访谈的方式，根据访谈提纲灵活运用问卷和工具，不同的内容可以利用的工具可能会有多个，结合实际情况选择最简便、最有效的工具，最重要的一点是工具是辅助手段，是为了使调研简单化、条理化，是为了更容易获取调研内容和提高调研效率，切忌为了使用工具而使用。表 4-1 针对农民田间学校调研的内容列出了可能用到的调研方法或工具。

表 4-1　农民田间学校调研方法或工具

项　目	内　容	方法或工具	调研时间
村产业整体情况	主导产业、收入水平和生产突出问题	二手资料收集	
学员基本情况	文化水平、年龄、种植经验与规模	问卷访谈	
产业发展概况	产业构成与家庭收入比重	小组讨论	
	主导产业发展现状	头脑风暴	
主导产业主要问题（问题分析表）	当地知识、经验	关键小组访谈	
	关键问题及原因	问题树或头脑风暴	
	目前措施	引导讨论	
	问题重要性排序	优先排序	

(八) 经费预算

根据调研内容和工作计划，计划调研所需要的经费，主要包括车辆租用费、材料费、劳务费、误餐费等。调研实施者应当提前预算调研经费，并向相关部门领导反馈，以获得相关支持。

第二节　调研实施

一、二手资料调研

一般由调研实施者提出二手资料内容需求，分别针对性设计相应的获取途径，并与相关人员进行数据的收集。农民田间学校调研内容主要包括村产业构成与发展总体情况、村民整体概况、资源条件等整体概况性的数据内容。由实施者向本单位领导汇报，然后与统计局或者经管站等部门协调获取村产业发展概况，该村资源的初步情况可以用与村干部座谈询问的方式获取，未来该村产业发展规划则通过查询相关工作规划或向其所在乡（镇）、区（县）农业发展规划部门获取。

二、进村入户调查

(一) 选择调研对象

根据办校目标，随机选择从事该区域主导产业相关的农户参加调研。一般调研的对象有20～30人，保证调研样本的代表性。根据调研的目的或操作方便的原则，调研分成若干个调研小组，通常情况是分成男农民组、女农民组和干部组，一般农民小组由10名农民构成，使参与人员能够充分参与讨论和发表意见。

(二) 主持小组访谈

（1）由乡镇或者村干部介绍调研人员，然后，由调研主持人首先代表调研小组成员介绍本次调研的目的、调研的实施过程和所需要的时间。

（2）农民基本情况调查。由调研主持人采用问卷或座谈会方式了解被调查者的基本情况，最好采用座谈的方式进行，由主持人询问，由协助人员快速在大白纸上进行板书记录，便于农户确认。农民基本情况的数据有助于使培训者根据对象的文化水平、种植经验等特点合理分组、选择培训方式方法。农民基本情况调查要获取的数据格式见表4-2。

表 4-2　农户基本情况调查表

姓名	性别	年龄	文化程度	种植年数	从事产业	产业规模

（续）

姓名	性别	年龄	文化程度	种植年数	从事产业	产业规模

（3）农户从事产业及销售现状。按照农户的经济收入主要来源途径和重视程度，针对 2～5 种主导作物或养殖畜种，进行发展基本情况座谈，主要了解产业规模、生产水平和投入概况，以及基本的销售情况，以便同等条件下对比分析。农户主导产业规模和投入销售情况调研内容格式如表 4-3，需要获取的数据一般是上年的平均数据，有浮动的要记录变化区间和平均值，以便了解总体情况。

表 4-3　农户主导产业规模和投入销售情况调查表

产业种类	栽培方式	全村面积（亩）	亩产（千克）	单价（元/千克）	亩投入（元）

（4）主导产业发展现状及原因分析。按照农户经济收入所占比重由重到轻的顺序进行排序，根据排序结果，对排序在前二或前三的产业发展现状与问题进行分析诊断。一般从主要问题开始依次进行，并且了解农民对问题的认识和解决建议，见表 4-4。

表 4-4　产业发展问题分析表

类别	症状描述	解决措施	效果	原因	建议	排序

（5）农户机构联系图。了解农户的信息和物资来源途径、方便程度，以及与不同机构或部门打交道的紧密程度，主要通过机构联系图方法进行，农民田间学校重点反映出农户在交往中涉及的农资和产品购销情况，包括不同种类农

资购销渠道及其方便程度、质量及价格情况、存在问题及建议、农产品销售渠道及方便程度、价格及组织化程度情况、问题及建议，以及接受技术信息服务的渠道途径、次数和效果等。

（三）访谈结果反馈

在每部分调研结束时，在大白纸上对结果进行展示，并在农民的参与下对结论和核心问题进行确认。在整个调研结束时，需要对整体的调研进行简单总结，并向农户反馈解决存在问题或产业发展的建议，或者是承诺在某一时间对结果进行反馈，使农民意识到他们参与调研所获得的收获，而不仅仅是信息的输出。

三、调研报告撰写

在调研后，对数据和相关结果进行分析归类，撰写调研报告，报告内容重点是对数据的分析，得出该村产业发展存在的问题及相应的解决办法、农民的技术需求、未来发展规划，并提出办班培训实现的短期、中长期目标，重点是为在该村开展工作提供可行性的工作内容和工作方法。

第五章

问题分析常用工具

参与式的根本是尊重，尊重他们的能力和智慧，把农民/参与者作为主体。参与式的工具是为工作目的服务的，工具的采用可以根据具体情况来选择和组合，如果一成不变，那就违背了参与式原则。工具仅仅是工具，不能替代态度，常用的参与式工具按结构分为五大类。

空间结构类：包括社区图、资源图、土壤-生态分布图、土地使用现状图、当地技术资源图、人力资源开发分布图、市场资源图等。这类工具的主要用途是协助农民分析自然资源，以及社会经济状况的空间结构变化。

时间变化类：包括大事记、季节历、日记图、趋势变化图等。主要用途是协助农民分析与他们生活有关的事物随时间的变化趋势，发现问题，进一步分析原因。

交流沟通类：包括物资流动图、资金流动图、信息流动图。主要用途是协助农民分析物资、资金和信息的流动范围、数量和影响因素。

相互关系类：包括机构联系图、文氏图（维恩图）、因果关系图、问题树等。主要用途是协助农民分析现象与引起现象的原因。

分类排序类：包括排序打分、富裕程度分类等。主要用途是协助农民对事物进行分层分析、决策分析等。

在农民田间学校工作中，最常用到的参与式工具主要有问卷表、季节历、劳动分工图、文氏图、优先序、资源图、问题树等。参与式工具按照目的可分为思维启迪类、经验分享类、评价类和信息收集类。

第一节　社区现状分析工具

一、社区资源分析

社区资源分析是对社区范围内的与生计相关的所有资源（包括社会、经济和自然资源等）进行描述，分析其特点和相互关系，探讨可能的发展机会。使用的工具包括社区图、资源图和土地利用剖面图，下面将着重介绍社区资源图的应用。

社区资源图对社区的资源状况表达形象、直观，用自己熟悉的方式表示熟悉的事物，会有助于调动参与者的热情。在绘图过程中，参与者可以根据自己的经验畅所欲言，集体制作资源图有助于使参与者进一步认识社区发展中所涉及的各种资源（包括自然资源、社会资源等）的分布及利用现状，共同讨论分析在社区资源利用中存在的问题，寻找发展的资源潜力，确定资源的合理利用方案。

资源图应该表明资源的分布，以及社区或者其他利益群体是如何利用这些资源的。在制作资源图时，需要在图上反映出社区内和与其直接相关的外部环境中的一些信息，并在绘图过程中进行与资源现状、利用等情况的相关讨论。

（一）目的

（1）描述一定区域（县、乡、村、组）内的自然资源、基础设施分布。

（2）村与村之间、组与组之间、户与户之间资源数量和质量构成的差别。

（3）了解社区资源利用现状，寻找社区资源利用中存在的问题及发展的资源潜力，确定资源的合理利用方案。

（4）分析当地存在的问题，所能获得的资源条件和发展机会。

（二）实施步骤

（1）在大白纸的上方写上某县某乡（镇）某村资源图并标注方向。

（2）绘出主要的地形地貌，如河流走向、水量等，并标明基本的自然资源，包括道路、矿产、市场等。

（3）绘出基础设施和地物信息，如道路及其走向、房屋及其类型、水源、电力设施、社区内组织机构的位置（村委会、学校、卫生院、商业网点、企业或合作社等）。

（4）对与社区有直接关系的外部社会资源的位置及与社区的距离进行标注，包括地方政府、技术部门、中心学校、集贸市场、医疗卫生、交通等内容。

（5）种植业用地（作物种类、分布位置、面积），牧业用地（牧场、草场、养殖用地等）、林果业用地（树种、林种、天然林、人造林等），并进行土地类型划分的描述（如一等地、二等地等）。

（6）在图上注明自然灾害，如水土流失情况严重的区域及其发生频率等内容，如有必要，在空白处或另外的大白纸上，说明村、组之间的类型划分、各自特点。

（7）制作图例并注明制图日期、制图人姓名、地点。

（三）注意事项

（1）确定方向、边界，注明内容，尽量采用不同的符号、线条、颜色，增加直观性、形象性。

（2）使用此工具时，应对比例尺、图例等做规定。

（3）社区资源图的绘制必须由当地人进行，不能由外来者包办代替。

二、社区历史发展分析

社区历史发展分析是参与者回忆和追溯历史上曾经发生的、与村民生计相关的、村民认为重要的事件，对社区历史发展分析有利于对社区发展的了解及对发展趋势的预测，主要使用工具包括社区发展大事记、历史演变与发展趋势等，下面将重点介绍历史演变与发展趋势图应用。

历史演变与发展趋势图一般与社区发展大事访谈结合或者根据时间安排单独制作，主要是对不同时期新技术的引进和应用、自然资源与环境方面的变化等对社区有重要影响的事物进行直观的、量化的表述。根据调查的需要，运用历史演变图工具的对象可以是社区内的不同群体，包括村干部、男女农民小组、个体农户等，内容可以包括：社会的发展给个人带来的变化，病虫害发生的变化，技术上的变化，气候的变化，自然环境的变化等。最后，在图上标明根据社区历史的分析对将来的发展趋势的预测结果。历史大事记可以用文字方式，也可以用直观的、形象的图形方式来表述农村社区的基础设施、自然气候与环境、社会经济状况的历史演变过程。外来者可以通过历史大事记了解当地最关心的历史事件，帮助他们了解当地的发展史，并通过回顾历史与当地人共同找出影响社区发展的原因，探索发展的途径和措施。

（一）目的

（1）了解社区在发展过程中自然资源与环境的变化及其原因、造成的结果和影响。

（2）从中获得有关过去社区发生的变化，遇到的主要问题以及处理这些问题的方法。

（3）根据历史分析预测社区在短期和长期可能发生的变化。

（4）在讨论过程中分析当地人对变化的理解及在变化过程中的角色。

（二）实施步骤

（1）寻找社区内记忆力较强的老年人 1 人或者多人。

（2）根据实际需要确定时间段，应根据参与者的实际经历确定，可以为 3 年、5 年或 10 年，以重大事件发生的先后为顺序。

（3）在大白纸上注明某县某乡（镇）某村历史演变与发展趋势图，并制作坐标，注明需要讨论其演变过程的内容（如某作物、病虫害、技术引进、水资源、收入、人口等）、时间段以及发展趋势。

（4）请参加人员对他们认为重要的事件进行回忆，记录带来大的冲击和变化的事件的阶段，并画在纸上对应的位置。

（5）将有价值的信息记录在空白处，最后注明制作时间、地点和参加人员。

（三）注意事项

（1）制造宽松的环境，从回忆个人经历开始。

（2）注意参与者所叙述的历史演变过程中各项内容之间的逻辑关系，必要时展开相关的讨论。

（3）与采用其他工具获得的结果进行交叉印证。

三、社区生计活动分析

社区生计活动分析是探讨社区内人口在生产活动安排、经营管理、自然资源与社会资源分配等方面从事的活动及其相互关系。对生计活动的分析是开展社区问题分析和解决方案制订的重要组成部分，主要使用的工具包括农事活动季节历和每日活动图，下面将具体介绍。

（一）农事活动季节历

农事活动季节历分析法用于指导参与者，指出其生活或社区中不同季节发生的不同事件，揭示这些事件之间的关系，以及描述这些事件对于他们生活状况和行为的影响。季节历可以帮助了解社区主要农事活动类型、资源配置（包括土地、劳力、劳动时间等）、经营活动及满足其基本需求（包括口粮、资金等）的方式和忙、闲的季节差异，例如当地农户生产活动、收入支出情况、自然灾害发生频率及影响、疾病、农户的劳动量（强度、负担），男人、妇女在生计活动中的角色作用。

农事活动季节历表是以列表的形式反映一个村庄的各种生产活动（如农业、林业、副业、畜牧业等）及其具体农事内容在 12 个月中随季节的周期性变化规律和类型。对于某一些作物或者家畜来说的不同季节的不同农事作业措施，可以以年份、月份、每天或一天中的不同时间来做横坐标。

1. 目的

（1）分析劳动力的季节分布，特定时间的劳动强度，确定劳动力转移的潜力。

（2）寻找合适的时间段参与当地社区发展活动、提供支持与服务的有利时机。

（3）分析价格、市场、收入、支出的动态，以便分析项目活动与生计活动的关系，如蔬菜技术培训时间、培训内容、频率等。

（4）进行社会性别分工分析。

2. 工具与材料　大白纸、彩色记号笔、就地取材（不同颜色的玉米粒等）。

3. 实施步骤

（1）在大白纸最上方写上某县某乡（镇）某村季节历，并注明公历或农历。

（2）在下方画 12 条竖线。每条竖线的上面按顺序标上月份；左侧要留有书写的空当。

（3）在左侧写上生计活动种类，例如，种植业（作物种类及所需投入劳力的活动和数量），养殖业（养殖畜种及劳力投入类型包括种畜购买、防病、放牧等），林果业（整地、剪枝、除草、收获等），副业（经营、打工等），主要支出的类型及时间分布，主要收入类型及分布，灾害与疾病的发生及类型等。

（4）尽量体现不同性别在不同活动中的分工及投入的差异。

（5）可用不同颜色的玉米粒等表示各月男女农民相对的劳动量，也可以直接讨论当地每个月的不同活动内容并填入对应月份下。

（6）与参与者回顾、确认完成的季节历，并注明制作时间、地点、参与者，见表 5-1。

4. 注意事项

（1）根据当地人习惯决定使用公历或者农历。

（2）灵活使用季节历，根据需要添加内容。例如，可以在农事季节历的制作中逐月讨论各项活动指标情况；可以在制作过程中与当地人就一些有价值的问题如困难、原因和对策等进行讨论并记录。

（3）在制作过程中注意交流及与不同参与者之间的交叉印证。

（4）完成后要进行分析总结。

表 5-1　××区（县）××乡（镇）××村农事活动季节历（公历）

因素	月份											
	1	2	3	4	5	6	7	8	9	10	11	12
降水												
温度												

（续）

因素		月份											
		1	2	3	4	5	6	7	8	9	10	11	12
从事农业产业	番茄												
	黄瓜												
	茄子												
其他因素	打工												
	经营												

（二）农户每日活动图

每日活动图是对某人或者某一类人在特定时间段内（农忙、农闲或一个作物生长季）一天全部活动的记录。每日活动图帮助收集和分析社区成员的日常活动内容和时间安排，通过对不同成员每日活动比较，可以提供作息时间、生计活动安排、性别分工、当地风俗等信息，通过信息汇总，可以找出在该社区开展培训、技术指导的适宜时间。每日活动图可以对不同人或人群的活动进行对比，如男性和女性、50～60 岁的农民等；也可以比较同一个或者同一类人在不同季节和随着时间推移的活动模式变化。

1. 目的

（1）帮助收集和分析社区成员的日常活动方式和每日的作息时间安排。

（2）分析不同社会性别（男女）之间或不同类型人群之间每天的工作或劳动类型（生产性、家务性、社会性）和时间的差异。

（3）帮助确定特定活动的内容与时间安排，如技术培训、品种推介时间等。

（4）用于项目评价。

2. 实施步骤

（1）选择提供每日活动图的目标农户。

（2）画一个图，标题写明某某社区农户某时间段每日活动图，横向坐标为每日 24 小时，夜晚时间可以省略。纵向坐标为农户每天的活动。

（3）选择有代表性的季节（例如农忙或者农闲，某一个作物生长季，某一年等）各一天作比较。

（4）将每日不同的活动内容和时间对应填入图表中，根据时间，也可以将男女等不同类型的人群的活动用不同颜色的记号笔注在同一张图上。

（5）与制作人一起回顾并确认正确性，对有争议或有问题的地方进行讨论。

（6）在图上注明制作时间、地点、参与者。

3. 注意事项

（1）目标农户选择时要有针对性。

（2）在有宗教信仰的地区应注意了解宗教活动时间。

（3）注意对上述各种个体及群体间的差异进行分析与总结。

第二节　社区问题分析工具

一、半结构访谈

参与式发展研究成功的核心在于进行敏感或机敏内容的访谈，如果缺少了它，无论你在讨论中采用什么方法，得到的信息或对事物的理解都将十分有限。半结构访谈是指根据访谈提纲灵活运用各种方法进行信息反馈与获取的访谈过程，围绕访谈提纲确定的主题和次级主题展开，具体问题是在讨论或可视形象化分析中根据当时的具体情况临时确定的，因此这是一个十分灵活和逐渐展开的过程。半结构访谈是一种开放、交互式的访谈形式，这就要求访谈者灵活多变，要有创造性思维。半结构访谈有利于打消访谈对象一般在面对问卷及机械化的提问方式时容易产生的紧张与顾虑。

通过不同访谈对象开展的问题分析是指对社区内不同的群体或个人就某些背景情况展开的访谈活动。不同个体或不同群体由于所处的社会经济地位不同，对社区问题的看法和认识也会有差异。这种差异会导致对解决问题的措施有不同的选择，从而导致不同的结果。因此，应根据问题分析的需要选择适当的访谈对象，对不同访谈对象开展的问题分析主要应用的工具有农户访谈、主要知情人访谈和专题小组访谈。农户访谈更多用于对普遍性的问题的了解，而知情人访谈和专题小组访谈更多的是对针对性问题的讨论。

（一）农户访谈

1. 目的　开展农户访谈的目的是了解社区背景资料，以及农户生计状况和相互之间的差异。在农村，家庭是最基本的生产、生活单元，也是社区的组成单元。采用一定标准，如人口数、富裕程度、受教育程度等，将社区内家庭分为几类，可在社区有关人士的帮助下，挑选不同类型的家庭进行采访，如需要采访社区家庭基本经济状况，可挑选一定数量的贫困农户、中等农户及富裕农户分别进行采访以收集相关的资料，进而了解社区内家庭的基本经济状况。

2. 实施步骤

（1）准备调查问卷或访谈提纲。

（2）选择访谈对象。

（3）进行半结构式访谈。

（4）在结束访谈前，需对所有的问题进行再次快速的检查，对访谈者不能回答的问题，请他提供另外的访谈对象。

（5）与访谈对象进行回顾和总结并做必要的补充。

3. 注意事项

（1）调查问卷设计要简明、容易填写。

（2）提问方式不要引起访谈对象的反感。

（3）在讨论过程中保持对问题的敏感性。

（二）专题小组交流

专题小组交流是用半结构的方式由一组选定的参与者（男农民、女农民、干部等）对某些特定的题目进行讨论交流的一种形式。专题小组通常由6～8人组成，专题小组交流是小组成员通过相互交流、深入讨论后达成共识的过程。专题小组交流的主要步骤与主要知情人访谈是相似的。只是在内容上，专题小组交流更强调特定主题。

专题小组交流可按两种形式操作：一种是访谈，以访谈提纲为基础在访谈者与访谈对象之间开展的对话沟通；另一种是研讨，主持人主持开展小组讨论。

1. 目的　专题小组交流的目的是在了解一般信息的基础上，深入了解某个专题或某个领域的具体信息；根据某些问题进行进一步分析并提出相关的建议；在有限时间内针对特定的主题获取广泛的反馈。

2. 访谈步骤

（1）访谈者事先准备好访谈提纲。

（2）选择或用开村民大会的方式确定访谈对象、时间与地点。

（3）简要介绍访谈的目的和内容，并征求被访谈者的意见、理解和同意。

（4）访谈中要求有两个访谈人员同时参加，一个人提问，另一个人记录或帮助写卡片。

（5）按照半结构式访谈的方式展开讨论。

（6）结束时小组成员进行回顾和总结。

3. 研讨步骤

（1）事先准备好研讨题目或者问题。

（2）由主持人选择确定访谈对象讨论的时间与地点。

（3）事先通知到选定的参与者。

（4）主持人自我介绍后，简要介绍研讨的目的和内容，征求参与者的意见、理解和同意。

（5）将大白纸贴在墙上或铺在桌上，由主持人主持并将内容记录在大白纸上。

（6）按照准备好的研讨题目展开研讨过程。

（7）结束时小组成员进行回顾和总结。

4. 注意事项

（1）访谈者或主持人要注意不要过多地用自己的观点去影响访谈对象的看法和理解。

（2）注意态度、语气和行为方式对整个讨论过程的影响。

（3）应尽量照顾到所有参与者，鼓励每个人发表观点。

（4）尽量对所讨论的内容达成共识。

小组座谈是参与式评估的核心，其他方法的应用都离不开小组座谈这种方式。小组座谈可以使参与者更好地融入到讨论当中，而且在讨论的过程中随时运用诸如地图、绘图、图表等一些视图手段，主持人也可针对这些视图提出问题，并展开进一步的讨论。在小组座谈中，主持人是非常重要的，应受过一定训练并具有敏锐的思维和良好的协调和组织技巧，懂得倾听并提出引导性的问题。

组织、协调小组座谈的要点。主持者要介绍自己，说明来意，诚实及开放，用体态和目光表示对参与者的尊重，并与当地人建立友善的关系。在座谈过程中必须寻求不同人的意见，学会观察、倾听，要尽量使用农民的语言，放弃自己的偏见，虚心学习参与者的经验。提问时不能问诱导性的问题，不应该出现下列情形：高高在上，发号施令，许愿，威胁农民，信口开河，使用专业术语；穿着特殊，任意打断农民的谈话，只访问部分健谈的参与者，忽视其他参与者，提前发表自己的观点，对农民有厌恶、看不起的情绪；把自己的观点强加给农民。

二、专题研讨类

（一）因果关系分析

因果关系分析工具是参与式农村工作方法中比较重要的工具之一，对主持者的素质要求较高，经过较短时间的讨论和分析，与参与者一起对某一特定问题产生的原因、导致的结果等方面进行分析，并进行归纳和整理。因果分析法可以帮助人们更好、更快地认清某一事物的本质，并为进一步研究解决措施、找到项目切入点提供支持。

1. 目的　　因果关系分析的目的是通过讨论和分析，澄清人们所关心的主要问题，并对问题、原因和影响达成共识，为确定解决问题的方案打好基础。

2. 实施步骤

（1）邀请不超过 15 名当地人参加小组讨论。

（2）在大白纸的上方写明某县某乡（镇）某村某问题因果关系分析。

（3）说明意图、做法，分发给每人卡片与记号笔，提示参与者将要发表的意见按要求写在卡片上。

（4）采用头脑风暴方法在所确定的讨论题目下找出主要问题。

（5）通过讨论找出核心问题并固定在大白纸中间。

（6）找出核心问题产生的原因（包括不同层次，如原因的原因等）。

（7）分析核心问题带来的后果或负面影响，按照其前后（上下）逻辑关系将卡片订或粘在大白纸上。

（8）将属于原因的卡片按照不同的层次和逻辑关系订或粘在核心问题的下方。

（9）用线条将有关系的原因与结果（包括不同层次）连接起来，形成完整的因果关系网络。

（10）与所有参与者回顾、总结并确认制作完成的因果关系分析图，进行必要的调整与修改。

（11）完成后的形式应该是：中间为核心问题（树干），上方为后果及影响（树枝），下方为原因，即"问题树"。

（12）注明制作时间、地点、参与讨论的人员。

3. 注意事项

（1）主持人应遵守"中立"原则、研讨过程中平等参与原则、群体决策原则。

（2）注意参与者的选择，应该是对社区情况比较了解的当地人。

（3）注意不断提醒大家对不同层次上问题、原因、结果的表达与描述，不要使用"缺少""没有"等词汇。

（4）可以邀请参与者直接写卡片，也可以由支持者或其助手帮助书写（注意书写后向意见的提供者确认内容是否准确）。

（5）要尊重每位参与者，不要用简单的如"对"或"不对"进行评价，可以要求他们对自己的意见加以说明并在讨论后进行修改。

（6）要尽可能多地征求所有参与者的意见，避免少数人主导讨论。

（7）主持者主要是发动、组织、协助参与者讨论，而不要以自己的观点主导讨论。

（8）结束讨论前要与所有与会人员总结并回顾讨论的过程与内容。

（二）打分排序工具

投票法的目的是判断事物的前后顺序，并为决策提供参考依据。打分排序是指为决策提供依据的一种结论性的选择过程，它是由一组人按一定标准将事物打分，然后排序的过程。打分可以采取直接投票或投票与权重相结合的形式进行。排序是按照一定的标准对一组事物排列顺序的过程。排序可以按用途分为问题排序、优先选择性排序和富裕程度排序等。本节描述的打分排序主要是投票法、直接排序法。

1. 投票法　投票法主要是参与者对需要排序的事物按照一定的标准（重要性、偏好性等）通过投票的方式进行打分选择，并排出优先顺序的过程。用此种方法所得到的结果是从所有选择对象中挑选出来的一项或几项结果。

步骤：

（1）组成不超过 15 名当地人的小组。

（2）详细说明目的、做法。

（3）明确需要进行打分排序的对象并自上而下书写在大白纸上。

（4）讨论明确投票的限量标准（一人一票或一人多票），每个参与者对一个选择对象只限一票。

（5）请参与者逐一在排序对象后面投票（打钩、画圈、投长米粒或写数字等方式）。

（6）待所有参与者完成打分之后，计算每个排序对象的得票数（结果可以是一项选择，也可以是数项选择）。

（7）按得票多少排出顺序。

2. 直接排序法　直接排序法主要是参与者对需要排序的事物按照一定的标准（重要性、偏好性等）重新排序。用此种方法所得到的结果是所有选择对象的一个排列顺序。

步骤：

（1）组成不超过 15 名当地人的小组。

（2）详细说明目的、做法。

（3）明确需要进行打分排序的对象。

（4）制作表格。将确定的排序对象逐一写在最左侧的纵栏内，对应的右侧按照参与者人数画出空白的纵栏，并在第一行写明参与者的号码或姓名。

（5）请参与者逐一在表格内将排序对象按自己的偏好重新给予顺序号如 1，2，3，4，……。

（6）待所有参与者完成打分之后，将每个排序对象后的数字相加，将结果填入合计栏内。

（7）按合计栏内数字多少重新排出顺序。

注意事项：

（1）尊重排序者，不要打断排序的过程。

（2）排序的主体应根据工作的需要由主持人确定，但具体的内容及衡量标准应该由当地人讨论产生。

（3）排序结果应该仅作为决策的参考依据，因为排序的结果不可避免地受到参与者本人立场和态度的影响。

打分排序工具主要是用来列出该团体感兴趣的选项或某些标准，并根据重要性的大小进行排序。排序这种方法较为直截了当，通过对可能的选项进行评价权衡，排出先后次序。打分就是参与者给每个选项打分而不进行排序。

第三节　目标群体分析

一、社会关系分析

（一）机构联系图

机构联系分析图可以用来分析社区或社区中的农户和当地政府管理与服务部门、技术推广部门、企业、市场等外界机构的联系，也可以用来分析机构之间的关系。机构联系图应用目的包括：了解农户或社区与周边各种机构（管理和服务机构）的交互关系；了解与社区相关的各种组织的类型（政府组织、民间组织、行政组织、技术组织、经济组织等），各组织间的相互联系以及它们在社区发展中的作用；明确与社区发展有关的机构（主要为政府部门）的职能及其在社区发展中可能的结合点。

1. 实施步骤

（1）在大白纸上方写上某县某乡（镇）某社区（或农户）机构联系图。

（2）讨论并明确与社区发展活动有关的组织机构。

（3）将社区名称标示（写或贴卡片）在大白纸的中间，将各类相关组织的名称写或放置在周围。

（4）在每个机构名称下用不同数量的"＋"或"－"号表示与社区的主要关系，也可用不同粗细和颜色的线条表示。

（5）制作一张表格，注明机构名称、主要职能、对目前表现的评价、需求及建议。

（6）标注制作时间、地点及参与人员。

2. 注意事项 注意讨论不同人对不同机构的看法差异，争取达成共识；最好用线条表示关系，用表格表示对关系的分析。

（二）H形评估图

传统的评估方法具有过多地关注于技术层，而忽视发展项目活动对社区尤其是当地人在社会、生活等各方面带来的长期影响。H形评价是一种评估方法，它用可视形象化和民主评议的方法，调动群众参与对项目活动效果的讨论、分析，以打分和定性描述相结合的形式开展对特定项目活动或机构等对象的评价。

1. 目的 客观、真实地对评估对象开展定性的分析；对评估对象开展定量的评价。

2. 步骤

（1）组织包括不同身份、不同性别在内的评估小组。

（2）详细说明讨论的目的、方法、步骤、意义等内容。

（3）由主持人协助大家讨论，明确需要进行评估的内容。

（4）将大白纸折为两竖横，然后展开粘贴在墙上，按折印画出 H 形，将纸分为四个空间。左面写缺点、问题，右面写优点、成绩。中间的上方写讨论题目和大家打分的平均数，下方写改进建议。中央的隔离线左端上标"0"分，右端标"10"分，也可以分别画上哭脸、笑脸，表示"非常不满意"和"非常满意"。

（5）可以首先请参加座谈的群众上来打分，然后请大家讨论项目活动的优点或成绩、缺点或问题，把大家交流的信息内容逐一写到大白纸的适当位置上。

（6）对写出的文字内容进行充分讨论，与所有参与者核实后，如果大家对自己的打分没有变动，可以计算，写出平均分。

（7）最后针对缺点、问题进行讨论并写出改进建议。

（8）与所有参与者回顾、总结。

（9）标注制作时间、地点、参与者信息等内容。

3. 注意事项

（1）主持人一定要保持中立，不能用先入为主的观点影响评估。

（2）鼓励大家独立思考，行使自己的民主权利。

（3）可以通过有针对性的提问及写长片的形式避免少数人主导讨论过程。

（4）尽量在安静、不受打扰的环境里打分，如果条件不具备，可以把大白纸订在一个板子上，背朝大家，让人们一个一个地到板子后面打分。

（5）如果发现群众不好意思一开始就打分，也可以引导大家先谈缺点、问题，或先摆优点、成绩，在全面讨论、分析、评价的基础上请大家先后上来打分、计算、写出平均分。

二、经济状况分析

社区农户类型划分是一种非常有实用价值的工具，它可以帮助社区分析当地的社会经济状况，包括收入结构、贫困程度、与外界的联系途径等信息。同时，社区农户类型划分可以为项目实施过程进行监测和评估。

（一）社区农户类型划分

1. 目的

（1）了解不同类型农户的需求及分化状况。

（2）选择农户访谈对象或确定参与项目的农户。

（3）为发展过程或设计中的项目活动提供监测与评估的依据。

2. 实施步骤

（1）组织包括4～6名当地人在内的讨论小组（村干部、农民代表、妇女等）。

（2）在大白纸上方写明某县某乡（镇）某村农户类型划分。

（3）制作一个两栏的表格，在第一行分别填写"类型""特征""所占总户数比例"。

（4）讨论并确定农户分类类型（三类：好、中等、差；四类：好、中等、差、极差；五类：极好、好、中等、差、极差）。

（5）讨论并确定农户分类标准（可以包括收入结构、劳动力数量、受教育情况、家庭负担、经营类型、债务、支出结构、生产生活设备等）与所占比例。

（6）与所有参与者核实，进行总结，回顾讨论过程并做必要的补充。

（7）注明制作时间、地点、参与者。

3. 注意事项

（1）得出的结果不是人名单，而是分类的类型和标准。

（2）类型的划分应该完全按照参与者的意见并使用当地人熟悉的语言描述。

（3）尽量避免使用一些绝对化的容易引起误会或不易在实际中获取的特征，如银行存款、人均收入、人均支出等。

（4）必要时可以在分类基础上讨论如成功农户的经验、不同类型对发展的想法与需求等特征。

（二）富裕程度排序

社区人群由于等级地位的不同、生产和生活资料的占有不同、生产和经营水平的不同，以及文化健康等方面的差异，通常富裕程度会产生差别，而不同富裕程度的农户有不同的发展需求。富裕程度或排序可以帮助我们进一步了解一个社区内所有农户之间的差异，将一个地域内的所有人或每个村庄（自然村）根据贫困状况或经济条件进行排队，以便于项目活动及资金投入的优先选择。

1. 目的

（1）了解村内不同农户间贫富的差异并探讨其原因。

（2）为后续的农户访谈抽样提供依据。

（3）为今后针对发展结果的监测与评估提供基础资料（依据农户排名的变化）。

2. 步骤

（1）方案一

①邀请4～5名当地人（尽量包括来自不同自然村的代表及妇女）作为排序的参与者。

②解释目的、排序的形式。

③将全村所有农户的姓名分别写在小纸片或纸条上（一人一张）。

④将写好名字的纸条或卡片交给参与者并请他们按照自己的观点进行贫富程度排队并标号（过程由参与者自己商量掌握）。

⑤将分类标准写出来。

⑥注明制作时间、地点、参与者等信息。

（2）方案二

①事先在大白纸上制作表格，将全村农户的姓名由上至下写在最左侧的栏内，并在对应的横向画出4～5列纵栏（数目根据参与者人数确定）。

②所有参与者各自逐一在纵栏内为左侧的名单打分（按照事先定好的由贫至富或由富至贫的顺序，如5分表示最富，4分表示较富，3分表示一般，2分表示较穷，1分表示最穷）。

③在最右侧将每个名字后的分数相加，即可得到大致的贫富排序结果。

④就结果再次询问所有参与者，对不同意见进行讨论，并对结果进行必要调整。

⑤将分类标准写出来。

⑥注明制作时间、地点、参与者等信息。

3. 注意事项

（1）注意参与者的身份及性别比例，需要时也可分男女小组进行排序。

（2）尽量在相对封闭与安静的环境进行排序，并注意不要中途打断参与者的讨论和排序。

（3）当排序出现较大的出入时，即对同一个农户不同的人排出的结果有最富裕和最贫困时，需要进行比较性的询问，再次确定。

（4）根据发展项目活动的需要（如确定小额信贷的贷款户）在村民大会上将结果张榜公布。

（5）注意在后续的抽样入户调查中交叉验证，并与通过其他调查方法获得的结果相互核实。

第六章
农民田间学校实施

农民田间学校作为一种参与式农民素质教育和技术推广模式，有其固定的办校模式，主要包括开学典礼、学习小组、参与式培训计划、农民活动日和学习成果展示等活动内容，把培训的内容融入到特有的活动中，更好地达到培训目标。

第一节　开学典礼

开学典礼是整个田间学校过程中非常重要的环节，有承上启下的作用，通过前期调研、课程设置与农户建立起来的联系，辅导员和学员之间已有了基本了解，对参与式活动也有了初步的体验和感性的认识，组织有序、宣传到位的开学典礼不但是学习活动的良好开端，也为三年的学习活动打下良好的基础。

一、开学典礼目的

（1）突出农民的主动性和主导地位。在开学典礼上充分体现培训活动以农民为中心的特点，增强学员的参与意识，要让农民发言，表达自己的需求和对开办田间学校的看法，以及对田间学校的期待，体现对农民思想的充分尊重。

（2）强化宣传作用。宣传体现在两个方面：一方面是通过参加开学典礼，各级领导对参与式培训活动有了真实的体验，也对本所田间学校的产业信息、学员需求有了更深一步的了解。另一方面主要是通过媒体加大对农民田间学校这种新型农业技术推广模式和农民素质培养模式的宣传力度。

（3）宣传引导市、区及乡镇农民田间学校主管部门给予支持，更加明确各部门职责和义务，并按照北京市有关部门印发的《关于进一步加快京郊农民田间学校建设的实施意见》《北京市农民田间学校管理办法》和《北京市农民田间学校实施细则》组织落实。

（4）整合市、区及乡镇各级推广机构的技术资源，向农民田间学校开办村聚集，促进该村产业发展，提高办学效果。

二、开学典礼程序

（1）辅导员介绍本所农民田间学校前期调研及培训计划。辅导员首先就本所田间学校调研开始的活动向参加开学典礼的各级领导、学员、媒体进行汇报，包括村产业发展情况、农民培训需求、生产资料需求，以及农民田间学校学习计划，使出席典礼的领导、媒体对本所田间学校的基本情况有所了解，同时也使农民学员了解辅导员已开展和即将开展的工作。

（2）市、区（县）、乡镇各级领导讲话。市农业局、市级各行业站的农民田间学校负责人在开学典礼上介绍全市农民田间学校开办的情况、所取得的成绩，宣传其他地方办学过程中的典型经验和管理方法，国内外农民田间学校的最新进展和相关的政策动向，协调各级市、区及乡镇科技资源向农民田间学校开办村聚集，对农民田间学校的开办给予组织上的保障。

区农委、各行业中心及业务站农民田间学校负责人在开学典礼上介绍全区农民田间学校发展的形势、取得的成绩及需要改进的地方，鼓励农民积极参与培训活动，确立农民的主导地位，并表示提供农业政策、生产资料方面的信息，对辅导员工作给予支持。

乡镇主管农业的镇长，农发办、科技站等部门领导向参与人员介绍本乡镇特色产业发展的规划，该村产业发展的优势和有利资源，以及能够提供的支持。

（3）学员代表发言，阐述对开办农民田间学校的看法，提出学习期待；表明积极参与、遵守约定、实现预期学习目标的决心。

（4）领导与学员合影，合影照片应张贴在培训室内，体现领导对培训活动的重视和对学员的鼓励。

三、组建学习团队

一般在开学典礼时，进行学员分组，组建班级，农民学员首先要形成一个有效的学习团队才能开展各项学习活动。在农民田间学校中，通过组建班级，将学员分成 4～6 个学习小组，每个小组设立自己的组名、口号，并用推选小组长、班长的方法来增强全体学员的凝聚力、责任感、荣誉感和归属感，依靠团队的吸引力使学员自觉地投入到培训活动中来，并根据成人教育的特点，通过学员共同制订学习约定的方法来加强学员的集体意识和守信意识，培养学员良好的习惯。

（一）学习小组的建立

农民田间学校培训一般根据成人学习特点，将学员分成 4～8 人的学习小组，分组兼顾小组内成员的个性、性别、年龄和经验互补，学员才能更好地配合和分享经验。在分组方法上，一般采取各种形式的新颖方法，如随机抽取扑克牌、报数、拼图形等，先进行初步分组，然后由辅导员根据各组内学员在性格、经验、特长方面要有互补性的原则进行适当调整。在培训过程中，辅导员还可根据各组学员的实际表现，对学员进行适当调整，如将发言积极、思维活跃的学员调整到整体性格内向、不愿交流的小组，起到调节、带动作用。

在小组建立起来以后，要由全体组员协商为小组取一个响亮的名字，代表学员当前关注的焦点或对培训的期待、生活的憧憬，如"致富""绿奥""发财""小康""和谐"等，也方便在日后的培训过程中进行小组讨论时使用。

（二）开展小组讨论的指导方法

辅导员通常仅仅要求学员们组成小组，讨论分配给他们的问题。但是，有时需要对讨论做更多的组织工作。这一点对于不习惯进行小组工作的学员来说就更加重要。下面有一些分组和开展讨论的方法，供辅导员开展培训时参考。辅导员可以根据小组的兴趣和力量把这些方法合并起来或做些修改。

每次讨论开始时，让每个组找出一个组织者、一个记录员和一个报告员。组织者和报告者不能固定，不同次的讨论需要小组成员之间轮换。记录者需要一定的文化程度，因此，可以在有记录能力的组员之间轮换。第一次开展小组讨论时，辅导员可以给予进一步的指导，例如，建议面对墙坐的人当组织者，靠窗户的人当记录员等。或者年龄最小的人当记录员，年龄最大的人当组织者等。学员熟悉适应后，由小组成员自己商量确定。

给每张桌子一个特殊的"谈话"铅笔或小棍。让组员随意绕着桌子传小棍。接到小棍的人都要发表自己的意见，参与讨论。每个小组的讨论绕着桌子以轮流发言的形式进行。当一个人发完言后，下面挨着他坐的人发言。发言要记时间；一个人只许讲两分钟，然后下面的人发言。给每个人一张索引卡片，让他们写上讨论专题的一个想法。在小组里分享这些想法，然后对它们进行组织，使用这样的问题：哪些想法是相似的？哪些可以放在一起？有多少不同的想法？使用思考、结对和共享方法。首先，给大家时间思考讨论专题。然后在小组开会分享这些想法。

在小组工作中，辅导员有几项责任。

（1）小组开始讨论之前。事先和学员们讲清楚小组的任务，并讲清楚给他们多少时间完成任务；制订小组工作导则（比如上面所述的事项）；向学员说明讨论的结果（如把三个要点写在板上，口头汇报讨论中提出的问题，画图，使用比喻等）。

（2）在小组讨论过程中。辅导员在教室里走动，听取不同的讨论，但不能影响学员的注意力。了解正在产生哪些想法，各小组的工作进行得怎样；随时可以应要求回答任何小组提出的问题；决定是否加入讨论，提出问题或做简短的解释。如果有必要介入讨论（经常是没有这个必要），注意介入的时间要短，尽快撤离（大部分的小组都会要求辅导员主持讨论，但这样做就破坏了小组工作的目的）。如果小组讨论偏离了主题，不要迅速干预。对话不是走直线式的，它们经常要稍稍偏离主题，最后达到目的，但是有时学员们（儿童或成人）会离开主题，这时就要提醒他们一下。辅导员必须判断出什么时候进行干预，说话之前先听一听是个好主意。

（3）小组讨论之后。按照开始时说明的报告或活动安排进行。如果每个小组轮流报告，就限定每个报告的长度，记下想法（比如让一个学员在黑板上写下要点，或把各组的记录贴在墙上）。有时没有必要进行小组报告，学员能够继续进行下面的活动。在任何情况下，学员都应该看到他们在小组里的工作被用来扩展他们在课堂上所完成的学习。

（4）辅导员在领导全班进行讨论时也承担着责任。问学员明确讨论的专题是什么，他们有什么任务；辅导员通常先问一个具有多个答案的问题，引出不同的想法；鼓励学员发言，对相互的想法做出应答，同时提供新想法；要求一次只有一个学员发言，要说得很清楚，这样每个人都能听到对讨论的所有贡献；辅导员尽可能少说，这样大家就都能听到学员的观点，只有在必要时才进行干预，问个问题或发表简短的意见。例如，请大家注意漏掉的领域，澄清一个要点，提供中心，或改变语气（如加一点幽默或化解紧张）；偶尔用学员们分享他们想法的方式把自己的考虑提出来；让尽可能多的学员发言，有些人本来就好说，而有些人比较安静，因此每个人说话的长度不会完全一样，但是任何愿意第一个发言的人都会比想在第二个发言的人占据优势；努力创造一个气氛，让大家把想法谈出来，进行考虑，也许是重新考虑或重新形成的一个想法等，这样，这些想法很快就会成为全班的想法，而不是个人的想法；不要有任何压制（基于人数，性别，民族或其他因素），不管是谁提出来的想法，都要肯定其积极的方面；要做出判断，决定在多大程度上引导讨论，在多大程度上让讨论自己发展。辅导员应该进行平衡，既开放让学员自由发表意见，甚至对那些没有用的意见，也进行足够的指导，不在无关的事情上浪费时间。

指出讨论的成果，以这种方式结束讨论。

四、制订学习约定

在培训开始前，和学员一起制订学习时大家共同遵守的学习约定。与未成年学生相比，成人具有一定信誉意识，为了遵守自己的承诺，一般自己答应的事情会努力做到。在田间学校开办过程中，为了保障学员能够按时参加培训，在培训活动开始时，由辅导员带领大家共同约定培训的纪律，学员根据自己的实际情况自己提出为了达到培训目标应该制定哪些制度，以及如果违反了制度要接受何种处罚等内容的约定。

学习约定实际上是由个体约束机制转化为群体约束机制，实现责任意识的转移。传统学习由老师宣布的纪律往往缺乏对学员实际情况的考虑，而参与式学习约定则根据所有学员的意愿，在实施时减少了活动实施的阻力，得到了大家的认可，学员就会主动维护约定的有效性。

1. 制订学习约定的注意事项

（1）保证所有学员能够平等地参与规则的制订，应逐一与所有学员进行确认是否能做到，不能由个别人制订所有的规则，否则代表的只是部分人的意愿。

（2）学习约定经全体学员讨论商定后要用大白纸写出来，并请每位学员在上面签名，承诺按照学习约定参加全程培训活动。

（3）学习约定要张贴在培训室的墙上，或张贴在方便学员看到的其他地方，经常提醒学员牢记自己的承诺。

2. 学习约定包括的基本内容　包括培训时间、活动纪律、卫生保持纪律、奖惩方法等。

延庆县大榆树镇军营村农民田间学校学员纪律约定

培训时间：

　　每周三13：00—15：30上课，如有特殊情况变化，小组长提前一天通知。

培训纪律：

　　1. 培训室内不抽烟。

　　2. 手机铃声关闭。

　　3. 按时参加培训，不迟到，不早退。

　　4. 如有特殊情况不能参加培训，要向辅导员提前请假。

卫生管理：

　　由小组轮流负责培训室内的卫生保持工作，做到培训室干净、整洁。

　　本人承诺做到以上约定。

全体学员签名：

2008年5月12日

第二节　知识和技能水平测试

一、作用与形式

票箱测试方法（ballot box test，BBT）是独立性测验的一种，它的主要作用是将理论、概念性的内容转化为可视的内容进行展示、测试、评估的参与式工具。在农民田间学校开办前和培训结束时各进行一次测试，主要是测试学员的知识背景，掌握存在的问题和需求，并进行学习效果评估。票箱测试方法采用现场、图片、标本或符号表示或描述问题，方法直观、形象，能够使农民联系到生产实际问题，增加农民的学习兴趣，而且对不同知识水平的农民都可以应用，所以在农民田间学校培训中得到了广泛应用。

票箱的一般形式如图 6-1 所示。

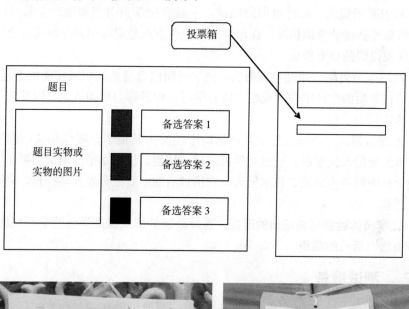

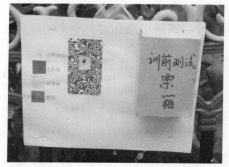

图 6-1　票箱形式

二、票箱测试目的

1. 知识基础摸底　通过培训前测试，了解农民学员对当前生产上常见的技术、信息和技能的掌握情况，在培训活动中有重点地安排相关专题或讨论活动，是课程设置的重要依据。

2. 激励学习兴趣　通过参加测试，使学员明白自身的知识或技能的不足，激励学员在今后的生产中注意观察，留心学习，积极参与培训活动，激发学员的学习热情。

3. 发现资源人　资源人是在培训活动中能够为其他学员提供相关信息资讯、技术经验的农民学员。通过对学员知识、技能、信息水平的测试结果，能够发现学员中的乡土专家、技术能人，在培训活动中要充分发挥其特长，分享其乡土经验。

4. 让学员体验参与式培训的形式　通过新颖的形式提高学员的学习兴趣，激发参加培训活动的愿望。

三 、测试准备

1. 试题准备　一般测试前，由辅导员根据调研结果和农民生产实际，准备测试题目，试题设置的原则如下：

（1）测试题目内容覆盖要全面，应包含本行业农业生产各方面的内容。

（2）题目主要依据需求调查中的问题排序情况进行设置，对农民反映较多的问题要进行重点考察，同时要把握好难易程度，要有区分度。

（3）避免理论考察，要多考察学员在实践操作方面的内容。

（4）试题数量一般设置在 20 道左右，太少不能达到测试目的，没有统计意义。

（5）测试题目尽可能多用现场题目、实物标本题目，少用纯文字符号表述，现场和实物标本的题目应不低于 40％。

（6）题目答案项应界限明显，具有唯一性，不应有包容关系，不要模棱两可，不要玩文字游戏。

（7）文字要尽量使用农民的语言，避免使用专业词汇，尽量简练，不要长篇大论。

2. 答题纸条准备　文字、字母标记选项会给农民带来识别和理解上的困难，因此，农民田间学校里使用不同颜色的纸条表示不同的答案选项，一般选用颜色鲜艳、区分度高的红、黄、绿、蓝等颜色。辅导员为每位学员准备三个不同颜色纸条，颜色与试题上的答案选项一致，学员的学号写在彩色纸条上或均匀打印在颜色纸条上，学员只需将标有本人学号的且认为正确答案对应颜色的纸条撕下一块放入票箱内就完成了答题，答题纸条如图 6-2 所示。

要提前将带有学号的不同颜色的纸条，按照学员数量剪好，学号之间剪出一定的开口，但开口不宜过大，否则整个纸条拿在手里容易断掉，也不宜过小，过小会撕偏，使答题纸条上的学员编号不完整，给统计结果造成困难。

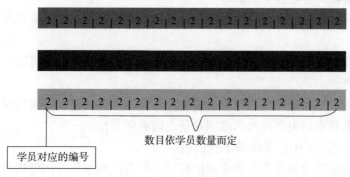

图 6-2　答题纸条

3. 票箱准备　票箱的要求比较简单，只需一个留有小口的封闭盒体即可，小口的形状和大小以能放进答题纸条为宜，不宜过大，否则后面的学员会看见前面学员选择的答案。在选择制作票箱的材料时要尽量使用日常生活中比较容易得到的材料，如信封、一次性纸杯、不透明塑料袋等，减少材料投入，票箱要尽量重复使用。

票箱的制作方法有许多种（图 6-3），可选择其中一种。

票箱1	票箱2	票箱3
票箱制作与投票描述：利用1号信封或自做的大纸袋，在信封（纸袋）的一面写出题目。信封的口打孔穿线或用胶带粘贴悬挂固定。小纸片用于答题，每人每题一张，将写有答案和学员编号的小纸片直接放入信封内	票箱制作与投票描述：在A4大小白纸上写出题目，贴在大的硬纸板上，下方粘贴小投票箱，也可用小的信封代替。学员将写有答案和学员编号的小纸片投入投票箱内即可	票箱制作与投票描述：在白纸上写好题目，答案选项用不同的颜色标志，答题纸条也用对应的三种不同颜色，学员直接将正确答案对应的相同颜色的小纸条上写上学员编号投入小箱子内即可

图 6-3　票箱的制作

4. 实物标本准备

（1）标本选择首先要保证准确性，尤其在采集病虫标本时要注意，如不能确认时要请相关专业人士确认。

（2）标本辨认度要高，要选择新鲜、特征明显的标本，尽量使用当天采集的标本。

（3）标本上不要同时出现多个不同的症状，万一出现这种情况，请用记号笔标记清楚。

（4）标本要尽量从培训作物上采集，尽可能避免在番茄农民田间学校里用黄瓜叶片做标本，失去标本与培训对象之间的联系性。

题目：图 6-4 中的黄瓜得了什么病？

虽然两幅图片都是黄瓜病毒病的症状，但右图明显比左图清晰明显、易于辨认，因此要避免选择左图那样的标本。

图 6-4　黄瓜病害症状

5. 测试现场选择 测试现场的选择要方便学员，一般可选择培训室内外或田间地头，票箱可悬挂于室内墙上或桌子上，室外或田间地头方便之处。一般实物标本较多的测试可放在田间地头，在学员熟悉的环境里会消除学员的紧张感，使其有心理上的优势，另外，能引起学员的联想，回忆自己的操作方法，更能反映出学员的真实水平。

四、过程控制与结果分析

1. 过程控制

（1）辅导员在测试前要讲清楚测试规则，避免出现部分学员扎堆或让学员长时间等待的现象，而使测试有组织、有效率地进行。

（2）由于是个人测试，同一个试题不能有两个或两个以上人员同时参加测试，因此需要对参加测试的人员按次序安排好。一般来说，尽可能将有经验的学员安排在前面进行测试。这样既可以加快测试的速度，同时也可以给后续测试人员增强信心。

（3）避免学员之间交流，以免影响测试结果的客观性。

（4）辅导员要帮助不识字的学员准确理解题意。

2. 测试结果分析

（1）测试结果可用 Excel 电子表格进行统计，用柱形图、饼图等反映学员的知识技能掌握情况。

（2）测试后，需要通过小组讨论，来比较个人与集体答案的差异，尽量发挥集体学习的功能。由于先前的个人测试，使学员获得了对每道题目充分的体验和感受，因此小组讨论更能吸引每位成员参与，形成经验分享的良好氛围。

（3）在宣布测试结果时，给大家公布的结果应是集体平均成绩或某道题的平均成绩，不可公布学员个人成绩，不能打击学员自信心。

（4）对于测试的每道题目都要在以后的课程中与学员共同探讨答案，不要留悬疑。错误率高的问题要安排到课程计划的内容进行重点讨论。

3. 票箱测试成绩统计

（1）逐个将票箱内的所有小纸片倒出，根据学员编号逐一登记，然后统计出每个学员的正确数或错误数，并按百分制计算出总分。

（2）统计每个题目的正确或错误数量，分析题目的难易，分别统计每题正确率。同时，根据题目测试点，分析学员在知识信息、实践技能、意识培养、农产品质量安全等方面存在的薄弱环节，便于强化培训。

（3）培训结束，根据培训前和培训后每个学员的 BBT 成绩，做出成绩频次分布图（图 6-5），分析培训效果。

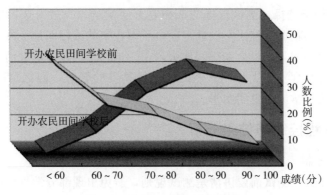

图 6-5 票箱测试成绩频次分布

第三节 培训计划制订

参与式课程设置是由辅导员组织学员共同讨论整个培训期的内容和时间安排。在实际操作时为了提高效率，可首先由辅导员结合参与式培训需求调研结果、季节历和票箱测试的结果分析，把握好重点和农民需求，设计出初步的课表，然后组织学员一块讨论，根据学员意见再进行适当调整。

但要注意，农民讨论的课程表不是最终的不可变的，必要时可根据气候条件、节假日安排等实际情况进行调整，但一定要与农民商讨后确定。

一、主要目的

（1）由农民主导课程的内容设置而不是由推广人员主导，可以保证课程内容真正是农民所需要的，而不是推广人员有什么就推广什么，确立了农民的主导地位，避免了培训活动形式化，使培训活动真正服务农民。

（2）将农民的个体需求转化为群体需求，不同的农民学员虽然有总体上相同的培训需求，但在涉及具体内容时，由于不同农民的经验差异，所需要的信息和方法也有不同，在进行课程设置时就要考虑大多数学员的需求，使学员在培训内容设置上达成共识。

（3）根据学员生产活动的安排确定一个最方便学员的时间，并在培训时间上让学员达成共识，兼顾大多数学员的时间。

（4）使学员了解本期培训所要解决的问题、课程的内容安排和所采用的方法。

（5）使农民初步体验参与式活动，增强农民的参与积极性。

二 、实施过程

在开展农民需求调研后，根据农民实际需求和生产上存在的问题，在辅导员的主持下，和农民学员一起确定具体的问题，并对存在的问题进行分类，问题的深入分析与分类要借助问题树等问题分析工具。在此基础上，根据不同类型的问题，确定培训的目标。确定培训目标后，根据实现目标的难易程度和周期需求，确定阶段性培训目标。然后，围绕阶段性目标的实现，制订系统培训计划。在系统培训计划制订完成后，制订针对作物生长季的课程培训计划，指导全年农民田间学校的活动按照计划顺利实施。系统培训计划和课程培训计划的作用是将参与式课程研讨会得到的培训内容，按照年度或季节的顺序，遵循先简后繁、先表象后本质、先一般后特殊的原则，将各个内容有机地联系起来。

（一）设定培训目标

在进行培训课程的设计之前，我们必须将农民需求转换成培训目标。在将培训需求转换成培训目标时，应该考虑以下因素：培训的限制因素或潜力、学员背景、所需的能力和可行性因素。这一过程有助于我们了解以下问题应该完成什么？何时完成？需要什么条件等。所以，需求调研结果的深入分析是掌握问题、设定一定时期内培训目标的前提。

在设定培训目标之前，首先要对技术需求进行分类。需求分类的基础是需求调研。在开展农民需求调研的基础上，对农民的需求进行分类。特别要注意的是，辅导员要在调研后，结合当地的问题与优势，帮助分析找出当地农户或社区存在的隐性需求（也称潜在需求，指由于受农户自身限制，未能意识到的而有实际需要解决的需求），隐性需求和显性需求是相对的，一般在显性需求解决后，隐性需求就能成为显性需求。根据问题性质的不同，将农户存在的需求分为技术问题、意识问题、信息问题和群体性问题。技术问题是指对象在产业发展中存在的单纯的技术需求，包括显性需求和隐性需求。意识问题是指当地农民受自身认识能力和素质的限制，由于未意识到存在的问题或不能接受解决问题的措施而导致存在的问题。信息问题是由于缺乏接收信息的渠道或媒介而导致存在的问题。群体性（社区性）问题是指由于受外部影响而群体不能统一采取一致措施而仍然存在的问题。技术问题、意识问题、信息问题和群体性问题都既有显性的，又有隐性的。技术问题的存在往往和意识问题、信息问题和群体性问题是紧密相关的，四者与受训对象的综合素质与能力紧密相关。因此，在农业技术推广中，解决农民生产技术问题，有时必须从解决农民的意识问题、信息问题和群体性问题入手，提高其综合素质、协作能力等。

在设定培训目标时，首先要考虑的是农民的需求，根据存在的问题，综合衡量成人学习理论、马斯洛需求理论和学习循环理论。综合确定基本知识、农业技术、综合素质与技能、社区发展等方面培训目标，科学安排有关培训内容。一般培训刚开始时，以解决农民迫切需要解决的技术问题为目标，在解决技术问题的同时，逐步提升农民的综合素质与能力。在此基础上，实现社区发展。每一个培训班的实际情况千差万别，但培训目标都遵循以上原则。

（二）制订培训系统计划

培训系统计划一般包含培训目标、时间阶段、培训内容、方式方法、资源人（此处的资源人是指能为辅导员组织培训活动提供技术支持的专家、技术人员）等要素，培训系统计划是将来指导整个社区发展的整体的、全面的发展计划。系统计划要做到新颖性和实用性的统一，即做到适度新颖。同时，系统计划应该和培训的短期目标和长期目标相结合。

培训内容直接源于学习目标。每个目标都需要相应的培训内容。根据培训的阶段性目标，确定具体的实现形式，包括培训内容、方式方法与资源人，它们都很关键。确定培训内容的深度和广度时应该考虑以下因素：学员的水平、培训策略、学员的规模和组成。至少要有2/3的学员参与培训内容的制订。

培训内容确定的过程就是培训对象的需求和意见相统一的过程。在农民培训中，培训的内容主要是农业知识与技术，在传授知识和技术的同时，借助一定的手段和方法，提升农民发现问题、分析问题、解决问题的能力。同时，影响或改变农民的思想意识，增强社区协作发展能力。当然，解决农民急需的技术问题无疑是最好的吸引农民参加的切入点。以解决技术问题为主线的参与式培训方法的确定，需要在对存在的技术问题进行分析的基础上对技术进行分类。主要分为三类技术：Ⅰ类技术又称攻关研发类技术，是指农民生产上急需，国内外尚无，需要通过科研攻关解决的技术；Ⅱ类技术又称引进试验示范类技术，是指国内外已有的成熟技术，但是否适合本地区采用尚不确定，需要通过引进试验或示范后才可向农民推广的技术；Ⅲ类技术又称直接推广类技术，是指已有的成熟技术且在本地区已有部分农民采用，但所调查地区多数农民没有采用，这类技术采用后可显著提高农民收入。在农民田间学校对农民的培训中，三类技术的选取有所侧重，重点以解决Ⅲ类技术为主，适当开展Ⅱ类技术研究，亟须解决的Ⅰ类技术主要通过反馈科研单位解决，也可以指导示范农户进行尝试。但是随着农民田间学校开办时间的增长，农民的综合素质与技能逐步提高，Ⅱ类技术和Ⅲ类技术的比重将适当的增加，逐步培养农民的自我设计、开展试验研究的能力。应根据培训的不同阶段和需求紧迫性，在不同的培训阶段合理安排不同的培训内容，采用针对性的方法，以有效解决存在的问题。培训目标设定中存在着不同的问题，包括技术问题、意识问题、信息问题和群体性问题，具体到特定的问题时，需要的时间、培训的内容及采用的方法与手段都要与之相适应。培训系统计划如表6-1所示。

表6-1 培训系统计划

培训目标	时间阶段	培训内容	方式方法	资源人	风险	规避风险措施

（三）参与式课程计划制订

依据需求调研反馈出的技术问题和农民需求，对问题分类（解决途径、问题性质），并确定相应的解决途径和方法，用课程表的方法来表示，初步的课程表在农民的参与下由辅导员组织制作，按照作物生长的时间顺序进行修改完善。但与农民讨论的课程表不是最终的，必要时必须根据当时作物的生产实际情况和存在的具体问题进行调整。一般在遇到具体的技术问题时，首先要想到从培训对象中寻找资源人，这样不但有利于问题的有效解决，而且有利于将来发现和培养农民技术带头人。只有在遇到比较新的突出的技术问题时，才组织开展专题的培训，需要借助外来专家给予支持。

参与式课程计划是将实现阶段性培训目标的培训内容进行具体化的过程，实际的培训内容往往很难做到与培训目标完全对应。参与式课程计划用于指导全年农民田间学校的活动按照计划顺利实施。课程系统计划的作用是将参与式课程研讨会得到的培训内容，按照时间的先后顺序，遵循先简后繁，先表象后本质，先一般后特殊的原则，将各个内容有机地联系起来。课程计划一般包含培训时间（有时包括作物生育期）、存在问题、培训目标、培训内容等。针对每一项培训内容，需要制作培训课件，包括主题、目的、材料、实施过程、注意事项等要素，课程系统计划要做到新颖性和实用性的统一，即做到适度新颖。以农业生态系统分析为主的培训课程计划，可以比较灵活安排的是农民专题，不管在内容上还是在组织形式上，找出培训对象需要、能调动其积极性是主要原则。

范例：延庆县康庄镇小丰营农民田间学校课程计划

日期 (日/月)	生育期	主要问题	培训目标	实际培训内容
14/6	一	学员没有形成团队 播种时防雨、防晒	掌握学员知识水平 组建班级，增强团队意识 使学员掌握播种过程中出现的问题及解决方法	1. 小丰营村农民田间学校开学典礼 2. 分组，取组名，选班长 3. 开展专题，老师与辅导员的区别 4. 进行游戏：我是最棒的 5. 课间休息 6. 开展农民专题：甘蓝播种期的主要管理措施 7. 训前 BBT 测试 8. 本次课总结和下次课安排
23/6	播种	学习学员缺乏综合防控意识、生态系统概念	培养学员综合防控意识 使学员养成仔细观察的习惯 对生态系统概念有初步了解	1. 上次课程回顾 2. 简要介绍 IPM 和农民田间学校 3. 学习和了解菜田生态系统，并进行生态系统分析（AESA） 4. 课间休息 5. 游戏：比眼力 6. IPM 田和 FP 田介绍 7. 本次课总结和下次课安排
30/6	出苗	苗期水肥管理知识不足 对于如何培育壮苗掌握不够	明确甘蓝分苗的优缺点 了解苗期主要害虫的防治方法	1. 上次课程回顾 2. 农民专题，甘蓝出苗后的主要管理措施 3. 课间休息 4. 游戏：悄悄话传递 5. 农田生态系统分析 6. 本次课总结和下次课程安排
7/7	苗期	地下害虫识别、防治方法欠缺	掌握昆虫识别基础知识 强化综合防控意识 掌握复杂问题分析的基本方法	1. 上次课程回顾 2. 农田生态系统分析 3. 课间休息 4. 游戏：数正方形 5. IPM 田生态系统分析 6. 本次课程总结和下次课程安排

（续）

日期 （日/月）	生育期	主要问题	培训目标	实际培训内容
14/7	苗期	学员对甘蓝是否带土定植方法有争议	使学员了解带土定植的优缺点 了解食物网的初步概念	1. 上次课程回顾 2. 农民专题，甘蓝带土定植与不带土定植的优缺点 3. 试验设计，甘蓝带土定植和不带土定植有何优缺点，哪一种方法更适合当前本地区农业的生产实际 4. 课间休息 5. 农田生态系统分析 6. 团队建设：食物网 7. 本次课程总结
21/7	定植期	学员之间定植密度差异较大	通过试验确定合理种植密度 了解试验设计的一般要求	1. 上次课程回顾 2. 昆虫基础知识（一）——昆虫的识别 3. 课间休息 4. 试验：不同定植密度对产量的影响 5. 回答农民提出的问题
28/7	缓苗期	缓苗后水肥管理技术不一，防治黑腐病有困难	建立统一的缓苗期种植管理方案 加强团队意识的培养	1. 上次课程回顾 2. 农民专题，甘蓝定植后的主要管理措施 3. 农田生态系统分析 4. 课间休息 5. 团队建设：协作运水 6. 本次课程总结和下次课程回顾
4/8	苗期	黑腐病防治效果不佳，损失较大	掌握黑腐病的发生规律与综合防控方法	1. 上次课程总结 2. 农田生态系统分析 3. 农民专题：昆虫基础知识（二）——甘蓝黑腐病的发生规律与综合防控方法 4. 课间休息 5. 团队建设：承认错误 6. 本次课程总结和下次课程安排
11/8	苗期	施药方法不当	养成科学合理的施药习惯	1. 上次课程回顾 2. 根据学员要求讲植物病害基础知识 3. 农田生态系统分析 4. 课间休息 5. 演示试验：不同施药方法对防治病虫害的效果对比 6. 团队建设：九点连线 7. 本次课程总结和下次课程安排

（续）

日期（日/月）	生育期	主要问题	培训目标	实际培训内容
18/8	莲座期	随意混配农药 施药时缺乏必要防护措施	了解农药对人体的危害 掌握农药的基本化学特性 对常见害虫的各个虫态有所了解	1. 上次课程回顾 2. 农药基础知识（一）——科学使用农药 3. 农田生态系统分析 4. 小组讨论：农药对人体、环境的危害 5. 团队建设：标靶 6. 试验结果观察 7. 昆虫园，观察菜青虫的生活史 8. 本次课程总结和下次课程安排
1/9	结球前期	对病原物、农作物、环境、人之间的关系了解不够	了解病害"四角"的概念 建立起通过环境控制防控病虫害的初步意识	1. 上次课程回顾 2. 农田生态系统分析 3. 标本制作 4. 课间休息 5. 团队建设：提高记忆力 6. 病害圃的制作与观察 7. 农药基础知识（二）——农药使用过程中应注意的事项及真假农药的识别 8. 本次课程总结和下次课程安排
8/9	结球期	学员想了解高品质蔬菜生产的有关情况	区分无公害、绿色、有机蔬菜以及如何申请相应资质	1. 上次课程回顾 2. 农田生态系统分析 3. 农民专题：高品质蔬菜的生产与资质申请 4. 课间休息 5. 团队建设：集体画画 6. 无公害甘蓝栽培技术，植物病虫害综合防治及无公害蔬菜简介 7. 本次课程总结和下次课安排
15/9	收获期	收获后植株病残体的处理 学员缺乏进行经济分析的习惯	了解植株病残体处理方法 培养学员进行经济效益分析的习惯 考察农民田间学校教学方法是否能被学员接受及其效果	1. 上次课程回顾 2. 专题：甘蓝收获期的主要管理措施 3. 农田生态系统分析 4. 小组讨论：病株残体的处理对防治病虫害的影响 5. 团队建设：投球 6. 标本制作 7. 本次课程总结和下次课程安排

（续）

日期 （日/月）	生育期	主要问题	培训目标	实际培训内容
22/9	结业式	结业后学员学习活动如何开展	总结本期培训活动 　评选优秀学员 　学员学习成果展示 　扩大对外宣传，增强影响力和辐射带动能力	1. 上次课程回顾 2. 辅导员带领学员对整个培训活动进行总结 3. 学员各自谈对培训活动的体会和建议 4. 训后 BBT 测试 5. 学员学习成果展示 6. 后期活动安排
24/9				农民活动日

第四节　农民田间学校活动日

根据培训计划，围绕农民的需要和兴趣展开活动的日子称为农民活动日。活动日针对主导产业全年开展学习活动，一般根据农业生产规律 1～2 周组织一次活动，每次活动持续半天时间。

活动日的实施始终贯穿"以农民为中心"的原则，注重农民能力培养，要突破专业技术和传统思维的局限，突破传统的填充式培训内容和模式，采用参与式、启发式、互动式的培训方法。注意捕捉培训过程中农民学员思想意识变化和行为改变的典型，积累素材，认真总结经验，不断提高办学质量。

活动日前，辅导员根据培训课程表和上次培训农户的需求情况，认真做好教案、教具和试验的准备。活动结束后，及时补充完善辅导教案。每次活动日结束后，辅导员必须对日志补充和整理，详细记载活动日全部内容、实施过程、新发现、新问题、新感受等。整个全程培训结束后，将积累的素材整理汇编，形成培训日志（手册）。

农民田间学校每次课的培训活动根据需要选取合适的主题和培训方法，一般每次课的基本活动内容包括：

（1）简要回顾上次活动内容（5 分钟）。

（2）介绍本次内容和要完成的活动，全体学员达成一致（10～15 分钟）。

（3）农业生态系统调查与分析。

①分小组现场观察和生长情况测量（20～30 分钟）。

②分小组绘制生长发育图（10～15 分钟）。

③分小组进行农业生态系统分析（30 分钟）。

④小组展示农业生态系统分析的结果（30 分钟）。

⑤开展讨论并制订决策（10 分钟）。

（4）团队活动（10～15 分钟）。

（5）专题活动（30～60 分钟）。

（6）回顾和评估本次培训效果，计划下周活动内容（10～20 分钟）。

一、农民活动日标准程序

（一）课前回顾与课后总结

在每次课前，辅导员应该先回顾上次活动日的主要活动内容，便于承上启下；介绍本次活动内容，就课程安排征求学员意见，及时调整辅导重点；课后总结已经开展的活动和得到的经验教训，请学员们对开展的内容提出他们的观点和改进建议，真正做到以农民需要为第一。

（二）生态系统调查与决策实施

农田生态系统调查与决策实施是农民田间学校培训的重要内容之一，通过每次上课学员进行田间观察，到提出问题、分析问题、进行决策、决策实施、效果评估、再次进行田间观察，每周一次周而复始的循环活动，提高农民发现问题、分析问题、解决问题的能力。

每次生态系统调查与分析活动应包含以下几个程序：

1. 下田观察与测量 辅导员组织学员到综合试验田和农民常规处理田分别进行主要生态系统因子的现状的观察、测量，获得一手资料。

2. 绘图分析与小组讨论 按照生态系统分析图的形式，小组内学员将采集到的资料进行分析整理，获得全面、科学的作物或畜种的生态系统分析图。

3. 学员代表汇报小组分析结果 每组派出一位学员代表将本组学员对综合管理田和农民常规处理田的调查分析结果进行汇报，并负责解释其他组学员的疑惑和不同意见。

4. 辅导员点评分析 辅导员将各组汇报的优缺点进行各自分析，对有争议的环节进行深入讨论，形成统一认识。

5. 决策结果田间实施 根据最后确定的决策，组织负责试验田管理的学员进行田间实施，一般为了节约时间，此环节可放在当天活动结束后进行。

6. 结果分析与反馈 下次课对决策实施结果进行调查，分析、评估决策的有效性和可能性，或进行调整后重新制订实施方案。

（三）农民专题讨论

专题讨论是为更深入地探讨与农业生态系统、动植物生长发育、农事操作、农产品质量安全、生态环境保护和农业经营管理等方面的知识与技能而开展的学习活动。专题一般由农民学员提出，也可由辅导员根据出现的具体问题，以及农民学员的兴趣与期望，选择相应的专题开展活动。在农民田间学校整个活动中，专题活动可以根据实现目标的需要灵活地选用合适的培训方法或培训工作，部分专题需要资源人的参与。

专题的内容和形式可以多种多样，可以是生产技术、生活、电脑学习、英语知识、娱乐活动、经营管理、农民合作组织、食品安全、卫生与保健、流行性疾病预防、子女教育、产业发展等各个方面，只要农民感兴趣，都可以进行；形式不拘一格，主要是有利于农民理解和接受，为他们所欢迎，可以是学员之间的交流讨论、游戏活动、角色扮演、专家讲座、观看小影片、知识竞猜、演示性试验等多种手段。

小组讨论的方式一般有小组间重复讨论和不同小组分步骤、分层次讨论，在具体操作时要根据问题的性质、复杂程度而定，不能一概而论将所有问题都采用相同的讨论模式，如果不管什么样的问题都采用小组重复讨论的方式，会降低学员的兴趣，引起学员的反感。简单问题要是分步骤讨论就会降低讨论的效率，浪费学员的时间。

（四）农民学用科学实验

农民田间学校活动中，所有学员的学习都是从解决问题的活动开始的，为了帮助农民解决迫切需要解决的问题，或介绍新的产品、品种和技术，辅导员要在专题活动中带领农民进行学用科学实验，通过试验展示与参与，培养学员设计解决简单问题的方案和思路的能力。

在每所田间学校都要设置专门的试验田，辅导员要提前给学员讲清楚试验的基本原则和实施过程中的注意事项，使学员养成定期观察、记录的习惯，并通过科学的分析方法得出有效的结论，不断扩充学员的知识和技能。

（五）团队建设活动

团队活动有助于提高团队的凝聚力、解决问题的能力和组织能力，激励团队成员的协作精神，开发他们的创造力。另外，团队活动还可以活跃气氛和振奋学员，增强村民集体凝聚力和协作发展意识。

活动一般是从辅导员先介绍开始，解释要开展游戏的规则和步骤，或者是提出一个问题（如挑战性问题），让大家想办法解决。辅导员应该仔细观察团队活动的过程以及学员们的反应。在活动结束时，学员们应该对整个活动开展讨论，包括游戏的过程和可能的结果，活动中有什么感受。最后大家一起得出结论，总结从游戏中得到的启发或启迪。

范例：顺义区大孙各庄镇绿奥蔬菜合作社 农民田间学校第二次课程日志

第二次课　参加人数29人，男19人，女10人。　　2006年12月26日

一、上次课回顾（10分钟）

（1）领导讲话。把农民培养成现代农民、新型农民、农民专家。通过学习有害生物综合防治技术，提高农民的综合素质能力、生产能力、决策能力，促进农业的可持续发展。

（2）测试情况。通过测试发现学员存在问题最多是病害的识别，农药混配及使用方法常识，综合防治意识没有养成，技术掌握不够，病虫害防治适期和发生条件掌握不好，天敌知识缺乏，生物、物理防治措施了解得少，应用得少。

（3）现场引导学员识别，提出病害问题2个，分别是黄瓜花叶病毒病和霜霉病。

（4）收集学员的调查表。

二、农民专题：黄瓜苗期到结瓜期栽培管理及病虫害防治（20分钟）

这个时期黄瓜容易得角斑病、霜霉病、灰霉病。主要控制温室的温湿度。提高地温，适时通风，要每隔10天左右打一遍可杀得预防细菌病害和真菌病害。

（一）进步组　2006年12月26日　多云　6℃

（1）水肥、温湿度管理。浇水加带追肥，及时打杈吊秧，打去老叶，放秧，保证温室内温度15～32℃，湿度在85％以下、70％以上。掌握好放风时间。要预防灰霉病，角斑病。

（2）防治灰霉病用速克灵、扑海因、嘧霉胺；防治角斑病用农用链霉素、新植霉素；防治蚜虫、白粉虱用阿克泰、吡虫啉、莫比郎。

（二）富利组　2006年12月26日　多云　6℃

（1）适时采摘，保证通风透光，适时浇水、追肥，及时落秧打叶，查看病情，及时打药防治。10～15天打一次药，进行病害预防，发现病情要立即打药，喷雾与烟剂配合使用，如遇阴天最好用烟剂和粉尘。

（2）病害防治。发生霜霉病初期用杀毒矾、百菌清，以后交替使用普力克和克露。灰霉病用克霉灵、扑海因和速克灵进行防治；角斑病用可杀得、新植霉素、农用链霉素；炭疽病用甲基托布津、代森锰锌防治；黑腥病用扑海因、福星；蚜虫、白粉虱用吡虫啉、阿克泰。

（三）绿奥组 2006年12月26日 多云 6℃

（1）中期管理技术，黄瓜的适宜温度在15～28℃，注意水肥管理，增施磷、钾肥，棚内湿度控制在70%左右，及时整枝吊秧，适时采摘，弱秧早摘、壮秧晚摘。

（2）病虫害防治。霜霉病、角斑病用克露、新植霉素、可杀得药剂防治；蚜虫、白粉虱用吡虫啉防治。

辅导员点评：冬季黄瓜生产，前期施足底肥，控制好温湿度，每隔10天防治一次。霜霉病用克露、杀毒矾防治；角斑病用链霉素、新植霉素防治；灰霉病、菌核病用扑海因、速克灵防治。

三、农田生态系统分析（50分钟）

（一）存在问题

（1）存在角斑病和药害。

（2）温度低，有冻害。

（3）棚内湿度过大。

（4）根系生长不好，现在有所缓解。

（二）管理措施

（1）盖地膜提高地温，见干见湿。

（2）每隔10天灌一次84生根剂，连灌三次，叶面喷施增瓜拉直灵及磷酸二氢钾、赤霉素，促使根细胞伸长（吃得饱跑得快）。

辅导员点评：黄瓜受了冻害，叶子出现黄斑。土壤湿度太大，根系生长不好。有角斑病需打新植霉素或农用链霉素防治；增施有机肥，提高黄瓜抗病性。

四、团队建设：悄悄话传递（10分钟）

一、三组为第一组，10人参加，二、四组为第二组，19人参加。

农民讨论结果：

（1）不要轻信别人 。

（2）不乱传舌。

辅导员点评：通过这个游戏让我们明白平时我们接收的信息是不完全的，在互相传递过程中信息很可能有丢失现象，因此我们在生产中要减少信息的中间环节，尽可能直接获取信息。

五、本期内容总结及下期内容期待

（1）学员代表于凤芹带领大家总结回顾了本期内容。

（2）辅导员征求大家对下次培训内容的期望：根结线虫病的防治方法，抗线虫黄瓜品种及购买信息。

二、注意的重点问题

(一) 培训初期应注意的技巧问题

农民田间学校的培训活动与传统培训活动在培训目标和形式上存在较大差异，因此在培训活动开展前期，辅导员一方面要利用这种差异来吸引学员，做到适度新颖，提高学员的参与积极性，另一方面又要注意把握难易与新颖程度，否则会使学员产生强烈的不适应感，进而对培训活动产生反感，这就要求辅导员要从内容安排和形式上进行总体控制：在初期的内容设置上一定要根据调研结果解决当前迫切需要解决的技术问题，只有解决了农民的基本需求以后，学员才会对辅导员产生信任感，并激发进一步学习的欲望。这时，辅导员就可以引导学员学习其他科学、合理的管理方法，培养良好的学习习惯。

在活动中要注意观察学员的反应，根据学员反应决定参与活动的程度，初期的小组讨论时间不宜过长，以免学员不适应。时刻提醒自己明确辅导员的角色，特别是启动讨论时要多引导，不能决断，总结时一定要结合学员的观点多给肯定和表扬，避免在其他学员面前对某个学员的观点进行批判，比如可以将某个学员的不科学的方法表述为"我们经常会犯这样的错误……"。

(二) 培训活动主导者转移的问题

农民田间学校原则上是由农民主导的学习活动，在整个学习过程中要坚持农民自我发展能力的培养。在培训活动的前期，先由辅导员主导学习活动，否则会使学员感觉不适应、不自在，但辅导员在活动中，一方面要注重对农民技能的培养，另一方面要发掘培养潜在的农民辅导员，根据学员的接受和参与程度，循序渐进地把活动组织、协调者的身份转移到农民身上。

(三) 培训活动注意农民经验分享问题

农民经验分享的基础是基于尊重农民、信任农民，相信每个农民都有自己独特的经验或技能，只是表现在不同的方面。专业技术人员也只是在某个领域有某项特长，并不是什么都懂。因此，农民田间学校就是要搭建一个学员相互交流的平台，营造畅所欲言的氛围。由于成人在获得其他众多学员尊重过程中有自我表现的欲望，只要辅导员进行适当的引导和鼓励，学员一般都愿意将自己所积累的经验、掌握的窍门与他人分享，学员之间的经验往往更符合当地生产生活的实际需要。已有的实践证明，很多实用技术的发明创造者都来自于生产一线的农民，因为他们要克服当前面临的问题，需求驱动最为迫切，而且一直在实践中不断地改进和校正当前的技术和方法，使其更加符合当前需求，这个过程就是农民自我发明创造、获取经验和技能的过程，也是成人学习中采用经验分享方法的基础。

经验分享也是一个相互学习的过程，辅导员在组织经验分享的过程中要注意倾听，从学员中学习一些好的经验窍门，弥补自己实际生产经验的不足。

经验分享也是去伪存真的过程，在相互的争辩过程中，效果好、简单而又经济的实用技术会得到大家的认可，而错误的或是效果不好的方法则会受到其他人的质疑，经过讨论和改进，成为更具有价值的方法。

第五节　结业典礼

一、结业典礼的目的

结业典礼是对整个学习活动的总结和回顾，并向相关领导、非学员、媒体展示学员的学习成果和团队精神，增强学员的自信心和荣誉感。通过学习成果总结回顾与展示、个人学习提高展示等宣传活动，使非学员愿意参与到学用科学技术活动中。

二、结业典礼的过程

（一）训后票箱测试

农民田间学校培训中期或结业时进行票箱测试，通过训后与训前票箱测试的成绩对比，评价培训效果。一般不提倡公布学员个人成绩，以免打击学员自信心。同时，训后测试的结果也将作为下一阶段培训计划制订的依据，对于学员没有掌握的知识，在下一年的培训中将作为重点。

（二）回顾与总结

辅导员与学员一起，从参与式调研开始，围绕田间学校开办过程中各个环节的内容及采用的方法进行总结和评价，认真总结培训效果不好或者学员不适应的环节。在保证培训目标的前提下，请学员对培训的内容与方式方法等提出改进意见，辅导员在今后的培训活动中针对学员提出的问题进行改进，调整内容和培训方法，做到真正以农民为中心。

（三）成果展示与汇报

一般结业时由农民展示培训成果。学员学习成果展示的形式多种多样，如制作展板汇报、成果汇报表演（如相声、三句半）等，通过这些活动可以进一步评价学员在语言表达能力、自信心方面的进步并提高团队协作能力。

汇报可从不同角度进行，要能够体现学员在态度意识方面的转变、科学技术掌握方面的进步、收入的增加或者生态环境的改善等，通过向领导和其他非学员、相关媒体展示，宣传农民田间学校的成果，带动社区全面发展，并争取各级领导更多的支持。成果展示主要包括学习成果、团队建设成果和汇报演出。

1. 学习成果展示 内容包括：

（1）学员生产管理知识与技能提高。可以通过票箱测试结果在展板上展示。

（2）学员生产能力提高（新品种、新技术、产品质量、效益等）。通过图表、统计表、分析表、质量检测结果、效益分析表。

（3）演讲能力/个人素质提高（自信心、发现、解决问题能力等）。通过学员汇报、案例分析等方式展示。

2. 学员团队建设成果展示 包括：学员团队协作能力（意识、形成组织、产业发展），通过汇报演出、经验介绍、典型案例、传播能力、非学员介绍等。还可以通过统一着装、标志、口号、编排节目、展板、图片、小组成果展示、经验窍门集锦展示，以及形成的兴趣小组、合作组织等展示。

3. 汇报（演出） 自编自演节目，包括三句半、快板、团队游戏等，通过学员发挥自身聪明才智，采取多种多样的表现形式表达对培训的收获与体会。

（四）学员座谈

在结业式上，辅导员和领导要听取学员的体会和建议。通过座谈会的形式，让学员逐一发表意见，谈谈对本期田间学校培训活动的体会，在哪些方面取得了进步，对于哪些环节还有个人的意见和建议，以便从支持政策制定和管理上进行倾斜和调整，促进后续培训活动更加有效开展。

（五）效果评估

辅导员组织学员通过问卷考核的方法，对田间学校的组织、内容、方式方法、辅导员综合表现，以及培训时间安排等进行评价打分。通过汇总打分情况，辅导员就可以掌握在哪些方面得到了学员的认可，还有哪些方面需要改进等。

（六）评选优秀学员

成人学习的进步需要激励，恰当的激励对于本人和其他学员都是一种鞭策和鼓励。在结业典礼上，全体学员通过无记名投票的方式（或其他内容新颖的类似无记名投票的方式）评选在田间学校开办过程中表现积极、技术水平高、团结协作能力强、受学员信任的优秀学员，并给予适当的物质奖励，但注意奖励要适度，物品不能太贵重，以免扭曲激励目的，避免引起其他学员的不平衡心理。一般可以选择与农业生产相关的书籍光盘、生产资料等作为奖品，支持学员进一步发展生产及自我发展。

（七）后续活动

后续活动主要包括三个方面的内容：一是针对下一年村里产业的变化对培训计划进行初步安排，辅导员可以利用空余时间查阅相关信息，掌握相关的技术和信息，为来年开办田间学校打好基础；二是鼓励农民学员成立技术服务队或农民学习小组，并建立常规的联系和支持，支持开展持续的学习科学活动；三是鼓励农民在时机成熟的时候，组建农民合作组织等协作团队，实施技术培训、生产发展、市场共建等协作发展活动，作为农民田间学校后续活动的延伸。

07 第七章

农民田间学校辅导员

第一节　辅导员的角色定位

辅导员作为农民培训的组织者，或者说是活动的主持人，其角色定位和能力水平是农民田间学校成功开办的关键。作为合格的组织者，需要具备较为综合的专业实践技能，较强的沟通、交流和表达能力，才能胜任辅导员（培训者）工作，所以辅导员培养对象的选拔、培养和工作角色定位至关重要。根据角色定位，辅导员（培训者）和辅导员的培训（师资的培训）分别需要通过不同阶段、不同内容的培训班培训后，才能达到培训目标。

一、辅导员选拔

辅导员选拔一般要求具备以下条件：具有较强的敬业奉献精神；具有较扎实的专业理论基础知识，一般要求大专学历以上（农民辅导员除外）；具有较强的实践工作经验和技能；比较热爱农村、农业技术推广工作。

农民辅导员的选拔一般根据农民田间学校的发展需要，由辅导员从合格的农民田间学校学员中提名，并由其他学员确定后，进行重点培养，并由其负责组织相关活动。农民辅导员的选拔条件主要包括：较强的农业生产技能，具有较高的群众威信，乐于助人，具有较强的交流、表达等能力。

二、辅导员角色定位

根据开办农民田间学校的需要，辅导员需要扮演多种不同的角色。

辅导员必须是一名幕后的"鼓励者"，多鼓励农民的创新意识和设计，鼓励他们多动口说话、多动手操作，鼓励能激起农民学习的兴趣、增强自信心。在这个过程中要真正发现可以鼓励的亮点，千万避免因不合适的鼓励而引起误导。

辅导员必须是一名用心的聆听者，善于而且能够听取农民的需求，了解农民需要学习什么，想以什么样的方式学习，能够根据农民的需要针对性地设计并组织培训等活动。这个过程也是对农民话语权的尊重。

辅导员要能和农民学员交朋友，只有和农民交朋友，才能相互信任，农民才会敞开心扉，表达自己的问题和需求，才能充分挖掘农民在生产实践中的经验和窍门，并把这些宝贵的经验窍门在更多的受众之间进行交流分享，使知识和技术实现由农民—农民之间传播，达到共同提高的目的。

辅导员是组织者，要能够把学员组织起来，作为班级整体或者学习小组参加打扫卫生、团队建设活动、田间观察、田间试验、效果评估等活动，在活动中把每个学员的特点和优势充分发挥出来，关键是寻求农民的兴趣点、关注点和价值点，使农民在活动中有兴趣，有收获，想参与。逐步通过团队活动强化团队意识，并能发现、培养有协作意识和能力的农民带头人。

辅导员是导演，需要提前撰写上课的"脚本"，并准备好根据培训当天的实际情况可能采取的多种备选方案。辅导员更多的是组织、调动学员参与，依靠学员的集体智慧实现问题的解决，辅导员指导学员一起发现问题，分析问题，进行决策，启发思维，通过无形的指挥棒引导活动围绕主题和目标进行；同时，辅导员融入到学员中间，参加学习或游戏活动，消除和学员之间的隔阂，身体力行鼓舞学员积极表演好个人在集体中的角色，展现、贡献自己优秀的一面，学习别人的长处，从而得到进步。

三、辅导员素质与能力目标

农民田间学校是一个综合的系统工程，使传统的技术推广融入了更多的教育元素，研究对象由作物转变成了人，由单纯的技术推广转变为农民综合素质和技能的提升。人的培养是一个系统、复杂的工作，所以，对从事这项工作的辅导员有着更高的要求。一个优秀的辅导员，要具备以下素质和能力：

（1）是良好团队的管理者。

（2）是高效时间的控制者。

（3）善于引导、启发思维。

（4）平易近人，具有较强的亲和力。

（5）专业技术等知识面要广。

（6）能使用通俗易懂的语言。

（7）善于归纳、提炼、总结。

（8）善于听取、吸收参与者合理意见，尊重参与者的意见。

（9）敢于承认错误。

（10）培训过程要有计划性。

（11）能够活跃课堂气氛。

（12）平等分配每个人的参与机会。

（13）组织与管理培训材料。

四、辅导员忌讳的做法

辅导员在培训活动中，必须注意受训者的性格特点、学习习惯和规律，尽量避免出现影响培训过程和效果的做法，力争效果最大化，最应该注意的问题如下：

（1）以自我为中心、居高临下。

（2）使用负面的语言表达。

（3）使用专业性术语。

（4）缺乏计划性，不守时间。

（5）就某个主题长篇大论。

（6）重点不突出。

（7）不能做到平等。

（8）不能勇于承担责任。

（9）课前准备不充分。

（10）培训组织局面失控。

当局面失控时的处理办法有：转移注意力（休息、做游戏）；适时控制；解决主要矛盾。辅导员一定要控制自己的情绪，保持冷静，避免让矛盾激化。

五、辅导员易犯的错误

（1）得出不肯定的结论。

（2）对问题把握不准确。

（3）穿着不适当。

（4）缺乏和学员的目光交流。

（5）不恰当地使用幽默。

（6）说奇怪的语言或行为令人困惑。

（7）无时间管理概念。

（8）语言与内容缺乏感染力。

（9）活动后不做小结或总结。

（10）缺乏自信心，准备不足。

（11）节奏感差，亲和力差，控场能力差。

六、常用的培训方法

（1）辅助演示法可以采用幻灯、图片、标本、实物或操作与演示的方法比较直观地演示培训内容。

（2）游戏引导法可以采用破冰游戏来调节氛围，采用团队建设游戏强调技术采纳或发展中协调与合作的重要性，采用借喻游戏使抽象的理论重现，采用创造类游戏使学员开拓思维。

（3）案例分析法在农民培训中更加有说服力，如农田生态系统分析，农民自身的现身说法，或者是现场分析。

（4）角色扮演（角色互换）法主要是为了使农民通过换位思考获得更加深刻的认识或接受新技术、新理念。

（5）感染运用法主要是使团队产生情感共鸣，或者借助友情、亲情、共同背景与感受，达到消除隔阂，接受新事物的目的。

（6）哲理运用法通过多听少说来收集、归纳、演绎、扬弃。

（7）幽默运用法用错误来体现幽默，用转折的方法和联想来体现幽默。

第二节 辅导员综合技能培养

作为农民培训活动的全程参与者，或者说是主持人，需要具备相应的能力要求。针对辅导员（培训者）、高级辅导员（培训师）的定位不同，需要通过不同的阶段培训，只有掌握基本的培训工具和培训技巧才能胜任。

一、辅导员能力培养目标

根据农民田间学校辅导员工作岗位实际需要，提出了辅导员师资能力培养目标，辅导员通过培训应当具备或掌握十个方面的素质和能力：

（1）参与式需求调研与评估能力。

（2）教学方案和教材编制能力。

（3）调动农民积极参与活动，指导和提高参与者观察、分析、解决问题的能力。

（4）多手段、多途径、多学科、全方位辅导农民的能力。

（5）自我学习、自我提高，自我监控与自我评估的能力。

（6）良好的全面沟通和协调能力。

（7）农民田间学校运行设计与管理能力。

（8）学员思想和行为变化、典型案例和问题的捕捉发现能力。

（9）培训资料和总结报告的撰写能力。

（10）挖掘农民潜能、培养农民辅导员的能力。

根据开办农民田间学校对辅导员的能力要求目标，在辅导员师资培训班实践中探索确定基本的辅导员培训课程大纲，作为一名合格的辅导员必须进行培训大纲要求的基本内容的培训。

二、辅导员阶段培训内容大纲

农民田间学校辅导员初级培训大纲，主要作为农民田间学校初级辅导员培训班的培训内容，核心内容主要包括参与式培训的基本理论与实践、参与式需求调研与评估、培训方法与工具、生态学等专业知识，以及农民田间学校的管理与评价等内容，共 160 个学时，共 30 天的培训内容，只有经过初级辅导员培训班培训的学员，考核合格后才能开办农民田间学校，并参加下一级别的培训。农民田间学校辅导员初级培训班课程大纲如表 7-1 所示。

表 7-1　初级阶段培训班课程大纲

内　容		指　标	课时
参与式培训基本理论	农民田间学校的起源、发展、特点及内涵	了解国际、国内农民田间学校发展的历史背景、经验教训、主要模式做法以及建设成效	2
	学习循环	掌握学习循环的关键点，以及这些关键点之间的联系，并在培训活动中贯穿使用学习循环的原则和方法	4
	参与式培训的基本概念及特点	掌握参与式培训的关键要点，了解参与式培训与传统培训的本质差异	2
	成人教育的基本理论及其在农民田间学校中的应用	掌握并体验成人学习的特点和习惯，并能灵活应用于农民培训和技术推广中	2
	辅导员的基本要求	掌握作为农民田间学校的主持者应扮演的角色、基本的素质要求、把握的原则和注意事项	2
	地点、学员、作物对象选择	在调研的基础上，结合本身能利用的资源，提出能够吸引农民参与的地点、学员、培训作物选择标准	4
	学员分组方法、班级组建	学会基于成人学习特点的合适的分组方式	
	学习合同	掌握学习合同的目的意义与方法	
	参与式课程设置	基于调研，特别是在制作季节历的前提下，在学员的参与下制订学习课程表的过程与方法	4

（续）

内　容		指　标	课时
参与式需求调研与评估	需求调查的基本要素	明确需求调研的目的、内容、原则和注意事项	12
	问卷设计	围绕要获得的内容合理设计问卷的方法和原则	
	个体访谈方法	掌握农民个体访谈的原则与方法步骤	
	农民带头人（辅导员）的选拔与培养（文氏图法）	掌握从农民群体中进行带头人的选择方法	
	问题分类	掌握对农民存在的不同问题的分类方法，以便针对性制订培训计划	
	问题优先排序	掌握农民问题进行优先排序的方法，以便确定培训的优先序	
	分工图	熟悉男女劳动分工图的制作方法与步骤，能够根据分工图指导学员选择	
	需求调研实践与分析	学员实践体验需求调研的方案设计、实施及总结分析	8
	季节历	学会针对某一作物的季节历制作方法，并在此基础上弄清不同时期发生的问题及其与各种因子之间的关系	4
培训方法与工具基础	培训间距分析	掌握间距分析方法	2
	农业生态系统分析工具	熟练掌握农业生态系统分析包含的因子、特点、过程及分析方法	4
	系统计划	掌握系统计划方法，能够在培训中根据系统计划原则安排不同内容的分量以及内容之间的合理衔接	2
	两圃田的建立	熟悉两圃田块选择、管理以及试验的实施	2
	票箱设计方法及其原则	掌握票箱测试题设计问题的来源、题型比例、设计原则以及测试方法和统计分析方法	4
	头脑风暴	了解头脑风暴的基本原则、应用范围以及3种基本的头脑风暴方法	2
	优劣势分析法	掌握优劣势分析的基本方法，能够在培训中灵活运用	2
	农民试验研究初步	农民试验研究类型的特点及实施条件	4
	田间试验设计	田间试验设计的原则、观察方法和统计方法	4
	农业经济初步分析	准确记载农事活动与相应的人力、物力投入，掌握毛收入、纯收入的分析方法	4
	昆虫园方法	不同昆虫园的类型、用途及设计应用	4

（续）

内　　容		指　　　标	课时
培训方法与工具基础	病害圃方法	不同病害圃的类型、用途及设计应用	4
	简易工具制作	掌握培训工具的简易制作方法，能够用来实施培训	2
	交流技能（提问技巧）	掌握几种激励式交流技能，并能在培训中灵活运用	4
	游戏方法	掌握游戏的目的、作用，掌握游戏的适用场景与点评技巧；能够根据培训内容设计合适的游戏	2
	展板设计	了解展板设计的基本概念，掌握展板制作的目的意义	4
	农民田间活动日设计	掌握农民田间活动日的作用与意义，能够设计出一个符合实际培训内容的农民田间活动日日程详细安排	4
生态系统	生态系统基本概念、特点、构成与分析	能够比较完整地绘制目标作物生态系统的构成成分、描述各自的功能，并能做出相应的决策	8
	食物网	掌握生物之间相互依存、相互制约的规律和生产中各营养级之间的关系	
	营养循环	掌握营养循环的一般原理	
	风险分析与决策	掌握风险分析的方法与应用	
植物形态学和生理学	植物器官与组织	掌握植物主要器官、组织的形态特征和主要功能	8
	植物中水和营养的运输	掌握植物中水、矿物营养和有机物的吸收、运输途径，产生和存储部位	
	非生物因素对植物生理功能的影响	了解气候、农事操作（肥料、农药、水分）对植物生长发育的影响，特别掌握由气候不适、矿物营养缺乏或过剩导致的生理性病害的特征和防治方法；了解农药导致的药害特征	
	植物补偿作用	掌握植物在不同发育阶段补偿能力的差异	
	不同生长阶段植物对营养的需求	能够根据植物的生长发育需求适时、适量地合理使用肥料。掌握植物有机营养物质和无机元素的来源和吸收方式	
昆虫生态与害虫治理	害虫与天敌的关系	熟悉当地目标作物的主要害虫、天敌的种类、种群消长动态，以及它们之间的相互关系，形成一套适合当地的综合生产技术规范和操作规程	4
	生物防治		
病害生态学与病害治理	病害三角	掌握病原物、寄主和环境条件对病害发生、危害的作用；熟悉当地蔬菜田中主要病害的种类、消长动态，以及它们之间的相互关系，形成一套适合当地的蔬菜病害综合防治技术规范和操作规程	4
	生物防治		
	物理防治		
	病害管理中农业措施的作用		
	化学防治		

（续）

内 容		指 标	课时
杂草生态及其治理	杂草的种类及其生态地位，以及农业、生物、化学和物理防治	识别当地主要杂草种类，了解其对生产的危害，了解杂草防治的主要方法及其利弊；了解耕作制度演变、栽培管理、防治方法对杂草群落演变的影响	4
目标作物的基本生产技术	生长发育特点和栽培历	熟悉目标作物的植物学背景、种植技术。了解它们的结构与功能、个体与群体的关系（经济产量、品质敏感阶段、病虫敏感期、补偿能力、对外界环境条件的要求）	8
	不同时期的农事管理		
	病虫治理		
	播种与收获		
外界投入物质化肥、农药、农膜、农家肥	农药的作用与危害	了解农药的作用方式、生态系统中的循环、功能与途径，掌握主要农药中毒的症状及其预防方法，了解主要品种农药残留的主要类型和防治方法。病虫抗性产生的机制，治理对策。农药对土壤和水源的污染	4
	化肥的两面性	掌握不同作物的需肥特征，化肥在土壤中的转化、转移与代谢。化肥污染的防治	4
	农膜的作用	了解农膜的增温保湿效应，农膜的降解	
	农家肥	掌握农家肥的效用，转化途径，污染及其控制方法。堆肥制作	
土壤	土壤的结构与功能	掌握不同土壤类型的特征、鉴别的简易方法，通透性、持水性简易试验	4
		了解土壤结构与功能、土壤培植与保护，保护性栽培方法	
农民田间学校的管理与评价	农民社区网使用方法	介绍农民社区网各部分的功能、操作方法和相关人员的责任	2
	宣传栏设计与制作	能够运用参与式原理设计技术宣传展示	2
	管理团队建立方法与责任	了解团队建立、管理的作用与意义，并能根据自己的培训团队实际，制订出合适的管理方案	2
	农民田间学校质量评价指标	能根据统一的指标设计出具体评价措施	4
	学校质量评价方法	了解农民田间学校的评价方法	2
	农民田间学校总结报告的撰写	掌握项目总结的要点，能够按照要求撰写合格的报告	2

农民田间学校辅导员中级培训大纲（表7-2），主要用于经过农民田间学校初级辅导员培训班培训的学员，并经过开办农民田间学校实践后才能参加中级阶段培训班的培训，中级阶段培训班培训内容大纲的核心内容主要包括经验分享与问题分析、主要参与式培训方法、专业技能、关键培训方法，以及社区发展知识等，共92个学时，15天的培训内容，只有经过中级辅导员培训班培训的学员经考核合格后才能完全独立开办农民田间学校，并具有资格参加高级辅导员培训班的培训。

表7-2　中级阶段培训班课程大纲

内　容		指　标	课时
经验分享与问题分析	农民田间学校经验与问题分享	组织各地辅导员分享在办班过程中的经验与问题，并有针对性地讨论分析对策	4
	影响农民田间学校开办质量的关键环节分析	掌握农民田间学校关键环节的控制方法，包括关键点控制方法、注意事项及实现的目标	4
主要参与式培训方法	需求理论	能够根据马斯洛需求层次理论，分析不同受训群体的需求，根据需求制订工作计划和对应的工作方案	2
	新信息传递方法	掌握不同类型的信息传递扩散方法，能在具体的培训中应用	2
	农民经验分享方法	掌握组织农民进行经验分享的方法；能够针对不同对象，使用不同的语言和方法，有效地获得农民的反馈，分享农民的成功经验	2
	人群分类与交流策略	按照性格、经历和知识背景对培训人群进行分类，并根据不同人群的特点选择合适的交流策略	4
	怯场控制训练	熟悉怯场产生的原因、控制怯场方法，幽默运用	4
	总结与点评方法	总结点评的实用技巧，以及概括、提炼能力训练	2
	案例分析	掌握不同案例类型和选择标准，能够恰当合理运用	2
	角色扮演	辅导员能够在培训中成功地扮演不同角色进行演示	4
	模拟	掌握主要应用范围和组织方法	4
	文氏图	了解文氏图的概念、应用范围；能够应用文氏图进行核心人物选择	2
	问题树	了解问题树的概念、操作方法，能够利用问题树方法进行问题分析与诊断	2
	机构联系图	熟悉机构联系图在需求调查中的作用和操作方法	2

（续）

内　　容		指　　标	课时
专业技能	生态因子与功能分析	熟悉生态系统的主要因子及其结构，掌握各因子之间相互影响和制约关系	8
	生态因子间的动态关系		
	绘图技巧	掌握常见作物、昆虫的简易绘图技巧	4
	食品安全	掌握食品安全的概念、影响食品安全的因素	8
	农业污染控制	掌握农药、化肥、农业物资对农业可持续发展、生态环境安全的影响和应对措施	
	产品认证	了解无公害、绿色、有机食品的概念标准，产地要求和过程要求，检测标准及认证程序	
	GAP（良好农业规范）	了解 GAP 的概念、认证机构、程序	
	数据统计与分析方法	了解田间试验、经济效益数据的整理和统计方法	4
关键培训技能	观察技能	能够科学抽样、观察记载	16
	决策技能	掌握决策构成要素和决策方法	
	交流技能	能够针对不同对象，使用不同的语言和方法，有效地获得农民的反馈，分享农民的成功经验	
	演讲技能	掌握演讲的要点，逻辑层次分明	
	角色扮演	辅导员能够在培训中成功扮演不同角色并进行演示	
	研讨会组织方法	掌握不同主题的研讨会组织方法	
社区发展	农民试验研究	农民掌握基本的科学研究方法，能够通过农民小组的研究结果解决存在的问题	12
	农民主导的信息传播与推广	农民自主开展学习的引导、组织交流会的经验和方法，自主交流学习活动长期运行的机制	
	学习团队与农民合作组织	建立兴趣小组、农民田间学校俱乐部等的方法，申请农民合作组织的程序，农民田间学校可持续发展机制	

　　农民田间学校高级辅导员培训大纲（表 7-3），主要用于农民田间学校高级辅导员培训班培训，其核心内容有参与式培训方法与专业技能提升、人才培养，以及社区可持续发展等内容，共 80 个学时，10 天的培训内容，只有经过中级辅导员培训班培训的学员经考核合格后才能参加高级辅导员培训班的培训。

表7-3　高级阶段培训班课程大纲

内　　容		具体内容	课时
经验分享与问题分析	经验分享及问题分析	随需求提升，讨论新出现的问题及对策	16
	农民经验的总结分析	重点总结农民的经验窍门、适合农民开展推广培训的方式方法，以及对农民技术带头人的支持机制	
	农民带头人培养典型案例	农民辅导员培养典型经验分享	
主要参与式培训方法	演示性实验设计	掌握演示性试验的类型、设计原则和方法，以及在农民培训中的应用	4
	农业经济学及其应用（机会成本、资源经济利用）	掌握辅导农民科学合理测算经济效益的方法，辅导学员掌握恰当的选择投入并取得最大效益的分析方法	4
	视觉培训工具的作用与方法	熟练掌握利用视觉培训工具开展培训的方法	6
	视觉性统计分析工具	熟练掌握利用视觉统计分析工具进行数据统计分析及辅导农民基于数据等分析的决策方法	4
	多元智慧方法应用	了解多元智慧的种类并在培训中运用	8
	高级优劣势分析法	能够把优劣势分析方法灵活运用于工作的不同方面	2
	4P演讲方法	掌握做报告或演讲的方法，能够做到重点突出	4
	创新思维	针对不同场景、不同情况，能够转换思路，从不同的角度提出新观点、解决问题的办法与途径	4
	游戏创新设计	掌握团队建设的目的，并能够根据培训主题需要，设计不同的团队活动或游戏	4
专业技能	有机农业	掌握有机农业的概念，实现的途径	8
	环境保护与农业可持续发展	掌握在培训中，如何贯彻环境保护、生态保护、农业可持续发展的原则和理念	
	品牌与市场	了解产品品牌建立的过程，以及如何辅导农民预测市场	4
	信息收集技能与资源协调利用	掌握信息收集来源途径与分类方法，如何围绕目标协调利用各种资源，并能辅导农民	4
社区发展	社区决策与管理	掌握如何引导农民发展社区团队，以及针对当地问题采取集体决策的方式解决生产问题，统一开展市场共建活动等辅导方法	8
	农民田间学校的可持续发展	掌握如何引导和支持农民团队开展持续协作发展的思路与方法	

三、辅导员培训实施

（一）确定培训目标

培养一批掌握田间学校原则和理念、农村参与式调研与评估方法、农民田间学校开办模式、综合素质与能力过硬的农民田间学校辅导员队伍，是田间学校成败的关键。因此，开办田间学校辅导员培训班，准备师资力量是农民田间学校开办的基础，也是关键中的关键。

（二）选拔培养对象

根据农民需求调研，结合各区优势产业发展和开办农民田间学校的实际需要，从项目实施的区，选拔业务能力强、素质高，长期深入农村基层的区植保站业务骨干参加培训学习。

（三）设计培训课程

根据培训目标，制订培训计划、培训内容，确定培训手段和实施人。培训内容的设定主要根据辅导员的培训目标确定，一般包括田间学校的基本原则和理念、参与式工作方法，农民田间学校办校模式，成人非正规教育方法，辅导农民技巧、技能的应用，重要的辅导手段包括农田生态系统分析、农民试验研究、农民专题、昆虫园、病害圃、系统计划方法、参与式需求与机会评估方法、农民田间学校 BBT 票箱测试原理与方法，以及如何辅导农民算经济账、农民团队建设活动等方面。

在农民田间学校辅导员培训班正式开始前，首先由学员对本次培训班的培训内容进行讨论和调整，重点围绕培训目标，对不合适或不需要的内容进行删减，并对遗漏内容进行补充，然后由培训班全体人员确认后作为本次培训课程表。

（四）确定活动的组织者

根据培训计划内容，确定培训活动的组织者，如培训内容通过内部讨论可以解决的，通常在培训班内部选择一名比较擅长的学员担当主持人，如果需要外来专家等参与培训，应根据内容确定合适的人选，并注意时间的把握，不宜时间过长，同时，注意选择的培训者讲的内容应贴近实践。

（五）购置相关教具

根据农民田间学校的实际需要，购置办学所需的相关教具、设备、仪器或办公用品等。

（六）开展培训活动

农民田间学校辅导员班是一个参与式培训理念和培训方法的强化训练班，培训参照联合国粮农组织进行辅导员培训的模式，结合北京的实际情况和特点，确定培训模式，针对作物全生育期，采用分 4 个阶段，每个阶段 4～7 天集中学习的方式进行。该班是一个具有实践性的开办农民田间学校的演练班（需要同时开办实践性农民田间学校3所供实习），辅导员班学员培训贯彻在学中办，办中练，练中升的原则，全面提高学员的综合素质。通过实践性田间学校开办，为每个学员创造充足的演练机会，使学员在毕业后能具备马上开办农民田间学校的能力。

（七）培训效果评估

培训活动结束后，由参加培训活动的所有学员对培训的整体情况进行匿名评估（表7-4），主要是通过评估使培训的组织者掌握培训内容、师资安排、培训组织等方面的优缺点，为下一步提高培训组织水平提供参考。为了保证评估效果的客观性，一般要求培训活动的组织者和培训师资不在场时进行评估。

表7-4 学员对培训活动评价

培训地点

培训起止日期

请给下列内容打分（NR＝弃权，1＝低的评价，3＝中等评价，5＝高评价）。需要的时候，请在最后一列写上解释

A）综合评价	分		数			
评价内容	1	2	3	4	5	NR
1. 您对师资培训班（TOT）的总印象。您认为来参加TOT培训所投入的时间和精力是值得的吗？						
2. 您认为这些参与式培训方法在农民素质和技能培训中的有效性多高？						
3. 您对这次培训组织管理的看法						
备注						

B）个人培训收获	分		数			
评价内容	1	2	3	4	5	NR
1. 关于不同培训方法方面的知识、技能						
2. 关于生态系统调查分析方面的知识、技能						
3. 关于农民试验设计方面的知识、技能						
4. 辅导农民开展培训活动的技能（仅用于TOT）						
5. 辅导团队活动的技能						
6. 辅导农民开展研究的技能（仅用于TOT）						
7. 项目管理/协调技能						
8. 结业后，您能否成为培训农民的辅导员（仅用于TOT）						
备注						

（续）

C）培训设施	分 数					
评价内容	1	2	3	4	5	NR
1. 培训材料						
2. 教室						
3. 宿舍						
4. 娱乐休闲设施						
5. 伙食						
6. 培训的组织						
7. 培训活动安排计划性						
备注						
D）学员构成	分 数					
评价内容	1	2	3	4	5	NR
1. 学员数						
2. 学员选择合适否						
3. 您是否期待应用您学的知识开展项目相关活动？						
4. 男女比例，是否合适？						
备注						
E）辅导员/教员/专家的培训表现	分 数					
活动组织实施者姓名	1	2	3	4	5	NR
备注						

第三节 辅导员综合能力提升

作为农民田间学校的辅导员，或者作为培训活动的组织者，要真正掌握培训对象的需求信息，提高培训的针对性和有效性，使每个学员能够学有所获，需要掌握一定的培训技巧，如提问技巧、交流技巧、聆听技巧和观察技巧。培训技巧的掌握与灵活运用，对培训效果有至关重要的作用。

一、提问技能

提问技能是辅导员运用提问实现培训目标的培训行为方式。

(一) 运用提问的作用

(1) 促进学员学习，引导和组织学员参与培训活动。

(2) 在引导学员怎样发现问题、提出问题并掌握思考问题和有效地解决问题的方法方面发挥着积极作用。

(3) 促进学员回顾原有的经验，并且能够将新的信息与自己已有的经验建立联系，系统地掌握知识。

(4) 能够加强辅导员与学员之间的相互作用，及时调整培训活动。

(二) 提问的类型与注意事项

提问技能的类型及其结构。根据辅导员运用提问技能时所提问题的性质，可以将其分为以下几种类型：回忆性提问、理解性提问、应用性提问、分析性提问、创造性提问、评价性提问。培训中，一个完整的提问过程应该由引入、陈述、介入、评价四个环节构成。提问技能的应用原则主要有面向全体的原则、目的性原则、评价性原则。

辅导员在运用提问技能时应注意以下几个问题。首先，提问需要设计。其次，提问应当含蓄，不能太简单。再次，对学员的回答要认真倾听，予以中肯而明确的评价，肯定合理的成分，提出还需改进的地方。

提问技能锻炼过程如下。

1. 讲故事　教女儿在公园识蝗虫，引申出提问和回答问题的技巧。

2. 归纳讲述提问应分为 7 个形式

(1) 记忆性提问：哪里发现的？

(2) 观察性提问：它在干什么？它怎么做的？有什么症状？

(3) 比较性提问：是不是×××？为什么不是×××？

(4) 分析性提问：数量是多少？危害作物情况怎样？

(5) 期待性提问：它是怎么发生的？

(6) 假设性提问：你打算怎么办？

(7) 结论性提问：这是×××！

提示：通过由宽到窄的提问过程，农民能获得大量的信息。

3. 分组讨论、汇报　各组分别推荐两个人上台模拟表演提问过程。

4. 总结　共同难点为问题 (4)、(5)、(6)。问题 (1)、(2) 之间转换容易的原因是：都是农民观察到的东西，比较直观。当从问题 (2) 转换到问题 (3) 时，我们想得到具体的信息。学到了引导农民认识事物的提问方法，让农民对事物有深刻认识，特别是体会分析性问题和假设性问题在整个提问过程中的重要性。

提问技能锻炼案例

农民：麻烦您给看一看这是什么？

辅导员：您这是在哪里发现的？

农民：就在我们家那个青花菜地里。

辅导员：你们家青花菜是露地种植还是大棚种植？

农民：是露地的，大棚里很少有这种虫子。

辅导员：你们家还种别的什么作物吗？

农民：没有，我们家地里种的全是青花菜。

辅导员：哦，周围地里种的什么？

农民：周围有种白菜的，有种番茄的，有种豌豆的。

辅导员：那周围地里虫子多吗？

农民：白菜地里多，其他地里不多。

辅导员：您看到它的时候，它在干什么？

农民：它在青花菜叶子上吃叶子。

辅导员：怎么吃的，吃的叶片是什么样子的？

农民：它光吃那个叶肉，剩下叶脉。

辅导员：哦，是不是甜菜夜蛾？

农民：不像，甜菜夜蛾小虫子吐丝结网，它不吐丝。

辅导员：地里多不多？

农民：挺多的，一片叶子上有十来只。

辅导员：青花菜现在怎么样？

农民：有的叶片都快被咬光了。

辅导员：它是怎么发生的？

农民：这个不清楚。

辅导员：你打算怎么办？

农民：我这不是想问问你们，看看打什么药能治住？

辅导员：这个虫子是菜青虫。

农民：哦。

辅导员：刚才您也说了，这种虫子多发生在露地，多危害十字花科蔬菜，幼虫取食叶片，不吃叶脉。

农民：哦，是这样。

辅导员：咱们再看看这个虫子，菜青虫幼虫多数长 15～20 毫米，青绿色，背部有条淡黄色线，表面有一些细小黑色毛瘤。

农民：对，确实是。

辅导员：这个虫子你可以逮几个回去养着看看，喂点叶片，别饿死了，看看它长大以后是什么。

农民：行，我回去试试。

辅导员：这种害虫比较好防治。首先考虑蔬菜品种，它多危害十字花科，您可以种一些非十字花科的作物，比如马铃薯、番茄、豆类的作物等轮作。其次，收获后，要及时清除田间的杂草、残株和败叶，杀死一些虫蛹，尽可能减少越冬虫源。最后，使用药剂防治，尽量不要用广谱杀虫剂，尽量保护利用天敌，发挥天敌的自然控制作用。使用药剂防治时，第一，优先考虑枯草芽孢杆菌等生物制剂；第二，可用抑太保、卡死克、灭幼脲 3 号等昆虫特异性杀虫剂；第三，可用虫螨克、菜喜等抗生素类杀虫剂；第四，可用印楝素、藜芦碱、茴蒿素等植物性杀虫剂；第五，再考虑用一些低毒低残留高活性化学杀虫剂，如莫比朗、多来宝、天王星、除尽等。具体剂量可根据药剂说明来定。

农民：哦，那谢谢您了。

二、交流技巧

交流是一种传递信息、沟通感情的双向互动过程，交流是分层次的。为了提高交流的效果，可以采用一定的交流技巧，例如，语调的抑扬顿挫，充分利用肢体语言，交流的双方放在平等的地位，不太熟悉时采用笼统的话题来启动交流。

讲课语调的控制至关重要，语调抑扬顿挫可以控制听众情绪，表现胸有成竹、临危不乱的自信，敢于亮自己的"相"，排除社会、经济地位的干扰。

人际关系是人生中不可缺少的一种重要资源，从不同的人那里，你能得到各种不同的东西，如财富、知识、经验、快乐、悲伤等。在与人交际的过程中，如何与人沟通则是能否与人沟通的关键所在。人只有充分认识自己的地位与价值，才能在交际中立于不败之地。在对别人说教前，应该知道自己究竟想做什么。把握自己的生活目标，对自己应该有一个自我认识。而人往往最不了解的就是自己，我们很难掌握自己，只有在将自己与周围的人比较中，或者从人的交往中才能逐渐看清楚别人眼中的自己。

交流技能是指辅导员在培训情境中，通过师生之间的相互交流达到培训信息的有效传递与反馈的培训行为方式。包含语言交流对话和非语言交流对话。在语言交流对话中除了传统课堂上常常采用的"辅导员提问—学员回答"的形式外，还包括学员的发问。非语言交流对话包括课堂倾听、面部语、体态语和服饰语等。课堂倾听由注意、理解和评价三个部分组成。第一是注意学员在对话中说出的信息是否适当、正确，包括语气强度及传递的时间和情境等；第二是对接收的信息进行心智加工的理解，包括理解说话人呈现的思想、说话人的动机等；第三是对信息进行权衡评价，归纳说话人的主题思想，获知省略的内容，思考怎样完善信息等。

交流能力的提高有三种途径。

（一）努力学习和掌握相关的知识

仅论口才是远远不够的。君不见那些伶牙俐齿的"巧舌媳妇"，尽管能说会道，但却登不了"大雅之堂"。出色的口头表达能力，其实是由多种内在素质综合决定的，它需要冷静的头脑、敏捷的思维、超人的智慧、渊博的知识及一定的文化修养。为此，可努力学习有关理论知识及经验，如学好演讲学、逻辑学、论辩学、哲学、社会学、心理学等。

（二）努力学习和掌握相应的技能、技巧

在讲课、讲演时，要努力做到以下几方面：

（1）准备充分，写出讲稿，但又不照本宣科。

（2）以情感人，充满信心和激情。

（3）以理服人，条理清楚，观点鲜明，内容充实，论据充分。

（4）注意概括，力求用言简意赅的语言传达最大的信息量。

（5）协调自然，恰到好处地用手势、动作、目光、表情帮助说话。

（6）表达准确，吐字清楚，音量适中，声调有高有低，节奏分明，有轻重缓急，抑扬顿挫。

（7）幽默生动。恰当地运用设问、比喻、排比等修辞方法及谚语、歇后语、典故等，使语言幽默、生动、有趣。

（8）尊重他人，了解听者的需要，尊重听者的人格，设身处地为听者着想，以礼待人，不带教训人的口吻，注意听众反应，及时调整讲话。

（三）积极参加各种能增强口头表达能力的活动

如演讲会、辩论会、班会、讨论会、文艺晚会、街头宣传、信息咨询等活动。要多讲多练。凡课堂上老师讲的或自己在书本中学到的知识都尽可能地用自己的话讲出来，这也有助于提高自己的口头表达能力。锻炼口头表达能力要有刻苦精神，要持之以恒。只要我们勤于学习，大胆实践，善于总结，及时改进，口头表达能力一定能得到提升。七种人群的划分及交流策略见表7-5。

表 7-5 七种人群的划分及交流策略

人　群	特　点	交流策略
亲近型	合作，反应敏捷，循规蹈矩，犹豫不决，不易变化，很少对抗	随和、放松、有预见性，讲究逻辑
炮筒型	说话声音大，语速快；开门见山，直来直去；独断专行，脾气火暴；重视目标，忽略细节；爱用命令口吻，不由人商量	要头脑冷静，呼吸自然，保持目光接触；尊重他的权威 先听他说，再触及他所关心的问题 讲话重点突出，简明扼要 避免语言冲突，做到顺势利导 先尽量赞同，再寻机阐述理由
善辩型	魅力十足，能言善辩，殷勤随和，乐于助人，态度热情，擅长交际 看重人际关系，忽视工作任务 虎头蛇尾，缺乏耐心；习惯以偏概全，言语利伤人；自私自利，工于心计 放荡不羁，办事无章法；报复心强，易于他人发生摩擦；最大需求是得到他人赞许	要注重发展双方的关系 要坦诚热情，有问必答 要友善健谈 要让他看到你的建议对改善他的形象有哪些好处 要多问多答带"谁"的问题 要善待他希望与人分享信息、趣事和人生经历的愿望 要随时注意保持热情友善、平易近人的形象 要尽量减少他与细节和个人发生直接冲突
分析型	藏而不露，彬彬有礼；重事实讲真话，自我封闭；不张扬，一贯正确是第一需要	摆事实，重分析，不要操之过急 不要过于亲近，要赞扬其工作准确无误
抱怨型	鸡蛋里挑刺，遇事抱怨；只见黑暗，不见光明；只抱怨他人，不检讨自己；谈话空洞无物；逻辑性差，偏离主题	只倾听不点头；对他所说的话语进行归纳总结；不时提醒谈话主题；谈话言之有物，避免抽象空洞；请求提出抱怨内容的解决方案。阐明限制条件
万事通型	真正的万事通：学识渊博，能力超群；居高临下，目空一切，语言绝对，眼光狭隘 自封的万事通：虚荣心强，喜欢卖弄；抢插话多，天南海北；时而得意忘形，时而垂头丧气	对真正的万事通：说话要准确无误；多问少说；提出假设验证自己的观点；说话含蓄，重复他的语言；倾听和认同他的观点；敢于接受他的指责 对自封的万事通：用倾听来满足他的需求；请他多讲细节；找时机说出你了解的事实真相；提及其他消息的来源和观点；顾全他的面子

（续）

人　　群	特　　点	交流策略
进攻型	性格外向，敢于冒险；意志坚强，果断务实；办事井井有条，说话头头是道；不关心事情过程，只关心事情结果；办事立竿见影，不讲人际关系 固执己见，独断专行，缺乏耐心，感觉迟钝；脾气暴躁，傲慢专横；珍爱权力、控制欲强	满足其控制欲；行为规范，言之有据；对任务清晰明了；表达简洁、准确、条理清楚；讲话有事实依据，不能凭感觉；不要浪费时间回答带"什么"的问题；不能纠缠细节；多探讨预期结果；不能打断其讲话；提供多种选择方案

三、其他相关技能

（一）聆听技巧

在信息沟通过程中聆听的作用特别重要，通过聆听可以了解信息，满足对方发言的愿望，并表现出对对方的尊重，有利于增进沟通和增进感情，也是一个学习了解信息和享受的过程。听（hear）是 hush、emotion、active、ear 的相关字母构成，是安静地、投入感情地主动去用耳朵听的过程。倾听者在听的同时，可以有很多的时间去思考，去预测。聆听需要带着思考去听，认真听，虚心听，用心听。聆听要保持适当的距离，要有激励的听，要有反馈的去听。聆听需要掌握以下要点与注意事项。

（1）目光接触。当你说话时对方却不看你，你的感觉如何？大多数人将其解释为冷漠或不感兴趣。虽然你只是用耳朵在倾听，但是别人可以通过观察你的眼睛来判断你是否在认真听。

（2）要适时地点头表示赞许，还要配合恰当的面部表情。有效的倾听者会对所听到的信息表现出浓厚的兴趣，并通过一些非语言的信号，比如表示同意，点头、恰当的面部表情，以及积极的目光接触相配合，这些动作都可以让说话的人知道你在认真倾听。

（3）不要做出分心的举动和手势。尽量避免做出让人感觉你的思想在游走的举动，让演讲者感觉你确实是在认真倾听。在倾听时，不要进行以下举动，如一直看手表，心不在焉地翻资料，玩手中的笔等，这些举动会让说话者感到你很厌烦，对话题不感兴趣。更重要的是，这些信号透露出你并没有集中注意力，也可能因此漏掉说话者传达的一些有效的信息。

（4）带有批判性的倾听者会分析自己所听到的内容，并适时地提出问题，这样做可以确保对倾听内容有效理解。

（5）有效重复。就是说用你自己的话把讲话者要表达的信息重新再叙述一遍。有些人在倾听时会这样说："你的意思是不是……?"或者"我觉得你说的是……"这样说的原因有二：一是因为有效重复是检查你是否认真倾听的最佳手段。如果你的思想并没有注意倾听或者在思考别的内容，你一定不可能准确地叙述完整的内容。二是这也是一种精确的控制机制。复述说话者的信息，并将此信息反馈给说话者，也可以检验自己理解的准确性。

(6) 不要在倾听中途打断讲话者。在你表达自己的意见和态度之前，先听完讲话者的观点和想法。在别人说话时不要试图去猜测别人的意思，等到他讲完，你自然就一切都明白了。

(7) 少说为妙。大多数人都只愿意倾诉自己的想法而不是聆听别人。很多人愿意去聆听，其目的也只是因为这些信息对自己有用，同时这样可以换取别人对他的聆听。尽管说的乐趣可能要远大于听，因为沉默会让人难受，但是一个好的听众懂得我们不可能同时做到听和说这个道理。

(8) 顺利转换听者与说者的角色。在大部分工作环境中，倾听者与讲话者的角色常常在交换。有效的倾听者能够使说者到听者以及听者再回到说者的角色转换十分流畅。从倾听的角度看，这代表着听者正全神贯注于说者的谈话内容。

(9) 聆听应该注意避免的事项。如只听自己爱听的；反感受训者与他的谈话；被其他事情分散注意力；认为受训者所言并不重要；容易受外界干扰；没有时间听；急着想怎么回答；边听边下结论；有私心。

(二) 观察技能

1. 有明确的目的和周密的计划　在观察之前，必须有明确的目的，要有观察的中心和观察的范围，这样才能把自己的知识与经验严密地组织起来，并集中于所要观察的事物上。没有明确的目的就谈不上观察。任何有效的观察都是以明确的目的为首要条件的。观察的计划性和系统性是使观察成功的重要保证。我们只有根据事先所拟定的周密计划，才能有步骤地进行观察而不至于遗漏某些重要的部分和环节。观察的任务越艰巨，观察的对象越复杂，越是需要周密和细致的计划。

参与式培训中通过观察及时掌握学员对培训内容、方法等方面的反应，根据存在的或可能出现的情况及时对培训采用的方式方法或内容进行迅速调整。同时，培训中也涉及对技术培训中具体事物的观察，包括作物生长、病虫害发生规律的观察，应根据对象不同，明确观察的目的和计划。

2. 必须有必要的知识储备　在观察之前，准备工作越充分，观察的效果就越好。相反，观察前毫无准备，在观察中往往容易造成"视而不见，充耳不闻"。如果观察的对象是人，我们要提前掌握他的基本信息，如特长、兴趣爱好等背景信息，以便能够通过观察准确地了解观察对象表述的意思和意图；如果观察的对象是具体的技术内容，更需要知识背景方面的信息储备，若缺乏知识储备，即使观察到的内容也可能由于感觉不到它的重要性而被忽略掉。

3. 良好的观察思维习惯　我们已经知道，观察是一种思维知觉，良好的思维习惯直接影响着观察的效果。首先在观察时要摒弃一切先入之见，使自己的思维具有较大的自由度和开放度。达尔文说："我一贯力求保持思想不受拘束，这样，一旦某一假说被事实证明错误时，不论我自己对该假说多么偏爱（在每一题目上我都禁不住要形成一个假说），我都放弃它。"观察过程中只有保持思维自由和开放，才更容易注意到可能影响事物发展结果的细节或者事实。

4. 遵循必要的观察程序　观察的要点一是要按顺序并全面地观察事物，要点二是抓住事物的特征和属性。对事物的观察，一般的步骤是：由近到远或由远到近；观察整体，得出总体印象；观察部分与部分之间的联系；全面观察各个重要的细节。观察有以下特点：表面观察容易，内在的比较难；孤立观察容易，相互关联的比较困难；有秩序的观察容易，随机的比较难；短时的观察容易，长久的比较困难。

5. 做好观察记录和总结　在进行观察时，所使用的技术手段、仪器设备、当时的环境条件、所得到的数据和发现的新现象，以及我们在当时的感想等，单凭头脑是记不住的，应该及时、准确地记录下来，以便进行深入的研究。不是所有的观察在结束后都需要写观察总结或观察报告。如果观察是为了验证或否定某种理论或假说，或者在观察中发现了新的事件和现象，就应该把它整理成文字。

（三）演讲技能

演讲是实现有效表达的重要手段，高质量的演讲的基本构成要素包括四个方面，通常可以用英语中四个单词的首字母 4P 来表示，包括：计划（plan）、准备（prepare）、演讲练习（practice）和演讲展示（present）。计划（plan）阶段需要熟悉你的观众，包括其知识、经验、需求和参加活动的目的等。然后，根据你希望听众采取何种行动来确定演讲的目的。你的目的可能包括：向听众通报情况、说服、销售与教导。准备（prepare）阶段要重视你所要传达的信息，想象你成功的样子。要想象你的观众如何反应，给自己鼓励。准备一个吸引人的开场白，最好以一个与观众需求相关的问题为开场白，或者真诚的表达感谢，用一个相关的事情、事实、证据、统计数据、类比、示范、声明、引用、事件进行展示，注意不同话题之间的自然过渡。此外，还要准备一个令人难忘的结尾。练习（practice）阶段包括把一定的关键词写在卡片上，随机抽取卡片后，根据关键词进行一分钟即兴演讲，然后进行自我归纳总结，发现不足，总结优势。最好找同事进行观摩点评，更能有效提升。

演讲展示（present）是最后的关键，影响展示效果的因素主要包括情绪、内容安排、时间把控，每项都是决定性的因素。在对农民的培训中，讲解培训要起到作用，辅导员也必须把握这些主要的影响因素。

第一个要素是控制。被控制的主体是你自己和观众的情绪，在所有优秀的演讲中，演讲者对台下情绪的控制和把握都相当精准。当然，这需要一些内容上的技巧做铺垫。首先，自己的情绪一定不可以过于激动，特别是不要受观众情绪的引导。其次，就是你必须对自己的内容做出预期，你要明白哪些内容是可以引起掌声或者共鸣的，并在演讲中平均分配。哪些是比较枯燥的，可以趁机把比较枯燥的内容快速过掉，也不要埋什么包袱，因为你不会得到很好的回应。至于幽默的东西，最好能够接地气，让大家会心的一笑，或者讲自己身边的故事，甚至自嘲也可以。将其放在你认为比较平淡或者无聊的部分，给大家做一下情绪调节。所以，合理的分配引起共鸣的演讲内容，是演讲情绪管控中最重要的因素，而听众的情绪将会决定他们对你演讲的看法。

第二个要素是演讲内容。演讲内容有层次感，是非常有必要的。演讲的主题不宜过大，不要过于夸张，如果没有特别的要求，最好就只有一个词，这样自由度会相对更大一点。在专业技术培训中，要选定某个具体的问题展开。演讲内容要有足够清晰的逻辑，逻辑突出层次，内容的层次感将会决定你的演讲内容能否被观众接受并记住。

第三个要素是对时间把控。每一个主题所用的时间，最长15分钟，最短的只有30秒。对演讲进行策划和设计，如何安排时间是一个非常大的考验，因为时间过长，台下的观众有可能不耐烦，时间过短，该讲的内容讲不完。时间的把控需要根据个人的演讲风格、语速确定，提前把握哪些地方的时间可以缩短，哪个地方可以引申讲段子、举例子等。

（四）启发式方法

启发式方法是指人在解决问题时所采取的一种根据经验规则进行发现的方法。其特点是在解决问题时，利用过去的经验，选择已经行之有效的方法，而不是系统地、以确定的步骤去寻求答案。启发式方法是与算法相对立的。算法是把各种可能性都进行一一尝试，最终找到问题的答案，但它是在很大的问题空间内，花费大量的时间和精力才能求得答案。启发式方法则是在有限的搜索空间内，大大减少了尝试的次数，能迅速地解决问题。

启发式方法包含不同种类，广为人知的有可得性启发法和代表性启发法。

（1）可得性启发法（availability heuristics）。在使用启发法进行判断时，人们往往会依赖最先想到的经验和信息，并认定这些容易知觉到或回想起的事件更常出现，以此作为判断的依据，这种判断方法称为可得性启发法。

（2）代表性启发法（representativeness heuristics）。在使用启发法时，首先会考虑到要借鉴该事件本身或该事件的同类事件以往发生时的处理经验，即对该事件以前出现的结果进行判断，这种推理过程称之为代表性启发法。

启发技能是指辅导员通过有效方式，充分调动学员学习的积极性和主动性，以一定的经历、经验，或生活中常见的现象，启迪、诱导学员的学习活动，从而实现培训目标的培训行为方式。启发学员学习的过程主要包括：①辅导员要明确希望学员解决什么问题，目标不确定难以实现既定目标。②辅导员要考虑：希望学员解决的问题与学员的现实之间有多大距离，应该设计哪些问题或进行哪些活动架桥铺路才能更容易使学员联想，并产生新的思维和方法。③有时辅导员可以设置一些较难的问题引起学员思想的碰撞和深层次思考，这有助于深入理解某些重要的概念和定理的实质。④辅导员要将学员原先想做而不会做的正确做法，想说而说不出的正确想法或方法措施用精练、明了的语言提炼出来，用于解决当前面临的问题。

启发技能的操作运用需要注意以下事项：①符合培训内容的需要及当时学员的情绪特点。②内容的设计上具有能被学员"跳一跳，摘得到"的难度，但也不能太难。③联想启发点具有想象的余地，要能激发学员的联想和思考。

（五）点评的技巧

点评就是评判者对现场汇报主题、演讲或辩论的点拨与评论，点评的目的在于提升演讲或辩论的意义，分析优劣与对错，或者找出更佳的途径、方法。

1. 点评的类型 根据点评的内容与方式，点评大体有三种类型。

（1）分析式点评。分析式点评是从内容到形式展开全面的分析，分析整场演讲、汇报双方或多方的优劣或对错，指出改进的途径或措施的过程。其关键是能迅速地从演讲或汇报中归纳出核心问题，然后一一做出分析比较，找出原因，最后指出正确的做法，既有针对性，又有指导性。

（2）总结式点评。这种点评主要是对整场演讲或汇报的内容、意义，演讲者和听众的现场表现，做出总体评价。既是点评，又是总结，主要从正面的角度进行点评，特别是针对成人正面点评更容易使其接受。

（3）感想式点评。这种方式虽然也会对整场演讲或论辩双方做出适当的点拨，但重点却是谈自己由现场所引发的感想、体会，譬如对演讲者的某个观点、某种技巧、某种现象，谈出评判者的看法或意见。

对于一场具体的讨论，确定用何种方式更适合，要看要点评者的角色、身份和职责。如果是组织者，就要用总结式点评；如果是嘉宾，最好用感想式点评；如果是专家，最好从技术角度，就应该用分析式点评。分析式点评难度最大。总结式点评需要做梳理的工作，而感想式点评较随意。作为教师或培训者，从更高的要求出发，应该用分析式点评，能够使学员在点评的过程中印象更加深刻，针对性强，更加受益。

2. 积极评价和消极评价　在培训现场，学员的讨论水平参差不齐，特别是针对成人的教育，如果直接告知学员，容易打击学员的自信心；如果委婉告知，又担心学员是否明白了。作为旁观者，如果你看到一位培训师对学员的讨论只是"这位同学回答得很好""这个说法我认同"……你又作何感想？到底如何给予学员点评呢？大样本的统计分析表明，当领导对下属做出积极评价和消极评价的比例接近5∶1时，即5条积极评价，1条消极评价时，团队的业绩最佳。积极的反馈能激励人们坚持擅长的工作，并投入更多精力、决心和创造力；同样，少量的消极反馈很重要，并且不可或缺，它可以快速引起注意，如同在你耳边重重一击，防止你陷入自满状态。由此可见，课堂上对学员的点评反馈非常的关键，既需要积极反馈，也需要少量消极反馈。那么培训者应该如何把握这个度才能让既维持学员的状态，又能帮助他们找到思维的"盲区"呢？主要应把握以下四点。

（1）把握积极评价与消极评价的比例，确保学员得到肯定的次数略多于否定的次数。

（2）把握积极评价和消极评价的次序关系，先说好的一面，再讲出需要改进的地方，便于学员不一开始就产生抵触情绪，从心理上更容易接受。

（3）积极评价更详细、到位。比如"这位学员对这个问题的认识角度很独特，从一个细微的角度来具体阐述"，避免大而化之。"这个同学说得很好。"但是好在哪里一定要讲出来，否则，学员自己或许都不知道好的地方在哪里，就起不到正面引导和与其他学员分享的目的。

（4）消极评价有理有据。做到让学员心里认同。在此需要特别提醒培训者，如果你的培训技能和专业技能非常强，在给学员点评的时候，不妨采用"一针见血"的方式，反而会让学员一下子就明白自己的问题在哪里。但如果你的资历还不足够，那么消极的评价需要想清楚再讲出来，否则，可能会造成学员的"反击"。

在农业技术推广工作中，培训的多是技术问题，点评更多的是用分析式点评的方法。但也不排除用到感想式点评的时候，特别是对资历欠缺的培训者，采用讲他人或自己经历或感想的方式，可以避免总是直接指出学员缺点。采用分析式点评总结，还要注意语言的概括性，以及点评中价值点的挖掘，包括技术或措施的创新性、实践性、合理性。同时，要特别强调点评结论的严谨性，包括技术适用范围 、方法、效果等。在得出最后的分析结论时必须重点突出，采用的方法和技术要按照最优、较好、良好排序，且最好不超过三项。

08 第八章

参与式培训工具

参与式培训工具仅仅是一种有利于工作过程条理化、系统化、提高工作效率的手段。在实际工作中，需要实施者根据实际情况灵活地选用一种工具，或者将多种工具组合应用，也可以利用其中的思维方法和思路。对培训的实施者来说，培训工具应用过程中必须掌握三项原则：①协助主体。培训者（外来者）不是主导，而是协助受训者（农学员）自己调查、分析、做出报告和学习，这样，受训者既能提供当地生产发展的背景信息，又拥有调查结果，并且能研究存在的问题与解决方法。这种被称为"移交指挥棒"的方式常常需要外来者开个头，然后坐回去或走开，而不要持续打断这个过程。②灵活创新。任何事物都在不断地发生变化，在应用参与式培训工具时，应及时捕捉培训对象需求、当地产业存在问题等重要的背景信息，及时修订工作计划。当地任何事物都可能为我们的工作提供有用的信息。运用参与式培训工具时，没有必要墨守成规，应充分发挥农民的创造力和想象力。③责任自省。培训者应不断在参与的过程中检查自己的行为，并试图做得更好。这包括从分析错误中学习，如何做得更好，认识到自己的职责定位是协助农民而不是打断或者替代，这点是非常重要的。同时，改进工作或者创造新的有利于提高工作效率的工作方法。

借助这些参与式培训工具和方法能够用于当地人收集和分析当地的信息，使这个过程变得更加直观、简单和容易。支持当地人创新，并尊重问题的多样性和复杂性，提高当地人的能力。强调建立一个讨论过程和冲突解决的过程，这个过程为当地人提供了一个积极参与的机会，当地人能够将他们的意见反映到本村的发展规划的过程中，给当地人以自豪感。

农民培训中常用的参与式培训工具主要有作物季节历、优劣势分析法、头脑风暴、生态系统分析、问题树或目标树等方法，针对不同的目标，可以选择采用不同的培训工具。

第一节　农业生态系统分析

生态系统是在一定区域内由生物因子和非生物因子相互作用构成的自然系统。生物因子可能包括植物、昆虫（害虫、天敌、分解者）、微生物和其他有机体，非生物因子主要由气候因子如温度、相对湿度、风力、日照，降雨和土壤构成。在一定的空间和时间内，每个因子在生态系统中都有自己的特点和作用，并将影响生物体的分布与种群数量。生态系统也包括系统内养分与能量的流动。

一个农业生态系统比自然的、稳定的生态系统在种群构成及能量流动方面要简单得多。因此，农业生态系统需要注入能量来维持其平衡。水田生态系统虽然是人工系统，却有着相当复杂的生物及非生物因子，它们维持其系统的相对稳定性。不慎重地施用杀虫剂，有可能会打破这个平衡，其原因在于杀死了水田中的天敌和其他生物体。

一、农业生态系统具有稳定性

作物综合管理（ICM）和有害生物综合治理概念的提出，是以农业生态系统的稳定性及其经济效益为基础的。通过保持农业生态系统的稳定性，虫口密度应被保持在可以控制的范围内。要想达到这一点，应记住下列方面。

（1）每个生态系统中各个成员都是相互作用的，系统内每个因素的数量、地位、作用和密度都不断地变换和发展。这些因素构成了活跃的、不断变化的系统。

（2）每个系统都包含了一种层级结构。例如，绿色植物为食草类动物提供食物，这些食草类动物（包括害虫）以不同方式取食植物。反过来，食草类动物又为食肉类动物提供了食物（包括各种天敌），而这些食肉类生物可能又被其他食肉类生物吃掉。最终，所有生物体都将成为分解者的食物。在一个农业生态系统中，如果没有天敌存在，害虫就会没有限制地繁殖下去，并吃掉所有的作物。但如果作物被吃光，害虫也会死于饥饿。许多天敌对食物不加选择，当没有害虫时，它们会吃其他生物，如分解者或其他捕食浮游微生物的生物。因此，它们形成了一种重要的田间保护机制。

二、农业生态系统具有生物多样性

农业生态系统中所有因素之间的关系都很密切，一种因素受到影响，整个平衡将被打破。因此，种植者（农民）的任务是保持农业生态系统的自然平衡，以保证建立一个有利于作物生长的良好环境。

　　一个健康生态系统具有高度的生物多样性，包括种群数量和一个种群内个体间基因的多样性。实际上，这意味着我们可能观察到不同种类的植物和动物。一些有益动物，如蚯蚓能够帮助提高土壤肥力，一些天敌，如蜘蛛、瓢虫、青蛙和蜥蜴能够控制害虫数量。造成我们不能在生态系统中发现这些有益生物的原因可能如下：

　　(1) 使用过多的杀虫剂杀死了有益生物。

　　(2) 天敌没有充足的食物。许多天敌幼虫阶段吃掉大量害虫，如毛虫和叶蝉，而其成虫则以食野生植物的花蜜或花粉为食。成虫应吃到充足的食物来产卵，从而繁殖后代。因此，需要植物多样性来维持天敌的种群数量。农业生态系统中作物种类越多，天敌种类越多，就越有可能在自然条件下控制害虫数量。

　　(3) 土壤结构不适宜蚯蚓和其他土壤昆虫的生活。由于有机质含量低及田间长期洪涝将造成不利于土壤生物生存的条件，土壤将变硬、缺氧。土壤生物的消失将引起土壤进一步变坏。

三、农作物田间观察的意义

　　(1) 田间观察是全面了解田间情况的前提。观察意味着实地看农作物田地，包括环境。通过这种过程完整的例行观察，农民在虫害发生初期就能识别，并能及时采取措施阻止害虫进一步传播。在作物生长的每一阶段都进行详细观察，对农户做出正确的决策很有帮助，比如现在是否是施肥的恰当时机，是否需要实施害虫防治措施等。

　　(2) 田间观察是制订正确的作物栽培措施的关键。通过定期对田间及周边环境细致的观察，农民可以准确地了解田间情况如何，而不必担心发生意外的问题，如虫害的暴发或干旱，并能够及时处理出现的问题。

四、农业生态系统调查的实施过程

　　对蔬菜、甘薯等作物来讲，每周观察一次进行预报就已经足够了，除非天气或水分供应状况不利或在害虫数量发展比天敌数量发展更迅猛时。每次观察后，我们应该根据田间状况确定下次重点观察的内容。早晨 10 点以前进行田间观察最好。因为 10 点以后，太阳光照射变强，许多昆虫都躲进了阴凉处。

　　1. 对环境的观察　　对周围环境的观察有助于我们辨别和弄清地里出现问题的原因。如果没有明显的问题，可以通过简单的方式来完成对环境的观察，包括：

　　(1) 观察天气状况。

（2）观察土壤状况。

（3）观察田边状况（道边、渠边、路边）有无潜在的有害动植物（害虫、杂草）及有益的动植物（天敌，为天敌提供食物及栖身处的植物）。

（4）邻近地块受损状况可作为害虫及病害存在的指示。

2. 对田间的观察　活动时，将参加调查的人员分成两个小组。每个小组在田间选择 5 个点取样，这样，每个小组可以对田间 10 个点进行评议。如果作物种在较宽的地块上，取样点长 0.5 米、宽 0.5 米，如果作物种在窄垄上，取 0.5 米长的一段即可。

每个取样点观察的主要内容包括：

（1）土壤状况（从第一次培训开始调查）。

（2）植株健康状况，按叶色、含水量和营养缺乏症状调查（从第三次培训时开始）。

（3）植株发育，测量植株的生长。

（4）病虫侵染症状，害虫及天敌的数目和种类。

3. 记录作物生育期和其他常规观测项目

（1）记录天气状况。

（2）记录杂草情况。

（3）记录地块周围的环境条件。

（4）不认识的昆虫，异常的叶片、不知病原的病叶、昆虫伤害或受其他伤害的叶片要收集在塑料袋或有塞子的容器内带回农民田间学校集会地点，进一步观察和鉴定。

4. 作物观察　为了得出有关作物状况及应采取措施的结论而进行的观察，我们不必观察整个田间，一个具代表性的抽样观察就足够了。根据抽样观察结果，可以确定应采取哪些田间管理措施。一块面积为 1 000 平方米的地里至少应有 10 个观察点。这 10 个点是在对角线上随机选取的，即从一个角到另一个角穿过田间中心的两条对角线。横穿地块是非常重要的，只有这样才有代表性。田地边缘及地块中心的各种状况（如水、虫害发生情况），会因为位置不同而不同。一些害虫只在地边为害（如蝼蛄），而另一些害虫在地块中央活动（如田鼠）。

为了保证各观察点位置是随机的，我们可以从一个观察点走到另一个观察点，要记住步数，将最后一步脚前作为观察点。例如，一块田对角线的长度大约为 75 米（100 步），则观察点之间的距离应在 7.5 米左右或 10 步。我们应避免有意识地选择长势好的或坏的植株进行观察。对具体作物来讲，一个观察点至少应包括观察作物覆盖的面积。按以下步骤进行观察。

（1）先观察所有在植株上飞过的昆虫（如蜻蜓、蝴蝶）和敏捷活动的昆虫

（如瓢虫、隐翅虫、蜘蛛及蚱蜢）。

（2）仔细观察叶片上和土壤表面有无昆虫和动物（如蜘蛛、蚂蚁、隐翅虫和青蛙）。

（3）检查所有叶片，看有无昆虫（如食叶鳞翅目幼虫、蚜虫、蓟马）、病害和养分缺乏症状。

（4）观察杂草和作物生长状况（密度、长势、生育期等）。

（5）观察土壤状况（结构、肥力和湿度）。

在培训的整个学期，培训者（辅导员）应当引导学员根据植物生长的不同阶段，调整观察方式和观察的重点内容。

观察结束后，农民应当描述他们所观察到的现象，讨论他们所描述的农业生态系统并进行分析。这对于理解作物生态系统成分的交互作用和互补关系非常重要。根据这种方式，农民能很容易地做出如何管理田间作物的决策。

5. 绘制作物生长发育图、表　学员每周观察植株的生长和根系的发育情况并绘制图、表，这个活动可以使农民与自己的亲身实践相联系，加深对生态生理学知识系统的认识与理解，提高他们分析和决策的能力。绘制作物生长发育图在作物观察过程中不需要占用过多的时间，但在生长季节结束时要安排专题进行讨论，重点回顾并分析每个生长发育阶段出现的问题、可能存在的问题，以及相应的预防等管理措施。

在每次调查结束后，绘制当前的生长阶段的作物示意图，并明确其生态系统中的所有生物因子和非生物因子，分析有利因素和不利因素，并在考虑发展趋势和规律的前提下制订当前的管理措施，有时对可能出现的问题进行预测。农田生态系统分析工具是抽象变直观、复杂变简单的过程，便于在成人教育中进行系统分析和决策中应用。农田生态系统分析标准模式见表 8-1。

表 8-1　农田生态系统分析标准模式

项　　目	有利因素 （晴/多云/下雨）图	天气状况	不利因素 （晴/多云/下雨）图
昆　　虫	天敌图或标本	作物生长阶段图附 观察、测量指标	害虫图或标本
病　　害	病害标本或图		植物病害图
植　　物	间作作物、杂草标本或图		间作作物、杂草标本或图
土壤/植物营养	好土壤的样本		营养缺乏或药害的症状
已经采取的措施			
可能出现的问题			
措　　施			

第二节 作物季节历

一、什么是作物季节历

季节历是了解一年中农民生产安排、作物生产（或畜种生长）随自然因素的变化关系的一种工具。季节历有不同的类型，比如：农事季节历、牲畜饲养历、林事活动历、农事活动历、作物生长季节历等。一般包含农事活动在一年中各时间段的安排以及自然环境因素随时间变化的规律。季节历一般在调研时由辅导员与学员共同完成，可作为参与式课程设置的重要参考依据。一般在正式培训开始时，把作物季节历张贴在培训室里，提醒学员到了哪个阶段。

在农民田间学校的作物培训中，一般用作物生长季节历，利用季节历可以了解当地全年重要农事活动的时间安排、节假日活动的安排、以往遇到的主要问题和解决措施等信息。通过这些不同时间段现象和信息之间的联系，帮助农民进行分析判断，寻找最佳的解决方案等。

二、作物季节历基本做法

作物季节历制作过程可以用摆现象、连关系、找规律来概括，制作的过程是一个循序渐进、逐步递进的过程。

摆现象是将一年中与生产相关的所有自然因素和主要农事活动随作物生长发育的时间变化列出来，如一年中的气温变化、降水量的分布、光照时间的变化等，作为基础数据和信息，便于进行分析。农事活动主要是在不同时间进行的定植、除草、浇水、打药、施肥、收获等活动。

连关系主要是列出一年中主要的农事活动时间安排与相应的自然因子之间的关系，如番茄定植时的温度，白粉病发生时的温湿度有何特点，作物哪个生育期的需肥量最大等。

找规律主要是通过系统分析，找出在时间轴上各个自然因子和农事活动的变化规律，找出导致生产问题的原因，包括采用措施的及时性、正确性等，为以后的生产活动做到科学管理提供科学依据。

制作作物季节历的过程是引导农民回顾整个农事操作活动的过程，通过回顾、整理和分析，结合作物生长发育规律，便于分析寻找以往技术措施中可能存在的问题，也便于在本次培训课程安排时做到及时安排相关内容。

作物季节历的基本制作模式如表 8-2 所示。

表8-2 作物季节历的基本模式

时　间		1月	2月	3月	……（月份）	1月
自然现象	温度					
	湿度					
	光照					
	……					
农事活动	施肥					
	除草					
	授粉					
	打药					
	育苗					
	浇水					
	……					
主要问题	作物徒长					
	白粉病防治					
	产量低					
	……					

三、制作季节历的注意事项

（1）制作季节历时要尽可能提前把准备工作做充分，做好框架，准备好相关工具和材料，不要留到与农民讨论时才开始绘图，要尽量节约农民的时间。

（2）季节历尽量使用卡通图画、彩纸条等进行标记，避免大量密集的文字出现，这样做节省时间，而且效果直观。

（3）讨论时要多让农民说话，了解农民的真实做法和习惯，不要当场进行批评指正。

第三节　头脑风暴

头脑风暴的主要特点是让参与的学员敞开思想，使各种设想和观点在相互碰撞中激发出新的观点、创意或方法，可分为直接头脑风暴法和质疑头脑风暴法。直接头脑风暴法是在专家群体决策基础上尽可能激发创造性，产生尽可能多的设想的方法。质疑头脑风暴法则是对参与者提出的设想、方案逐一质疑，发现其现实可行性的方法。头脑风暴法是一种集体开发创造性思维的方法。

一、基本程序

头脑风暴法力图通过一定的讨论程序与规则来保证创造性讨论的有效性。由此，讨论程序构成了头脑风暴法能否有效实施的关键因素。从程序来说，组织头脑风暴法关键在于以下几个环节。

1. 确定问题 一个好的头脑风暴法从对问题的准确阐明开始。因此，必须在讨论前明确一个共同的目标，使参与者明确这次会议需要解决什么问题，同时不要限制可能的解决方案的范围。一般而言，比较具体的议题能使农民较快产生设想，辅导员也较容易掌握。比较抽象和宏观的议题引发设想的时间较长，但设想的创造性也可能较强。

2. 会前准备 为了使头脑风暴的效率更高，效果更好，必须在会前做好准备工作。如收集一些资料预先给大家参考，以便与会者了解与议题有关的背景信息和动态。就参与者而言，在开会之前，对于要解决的问题一定要有所了解。会场可做适当布置，座位排成圆环形的环境往往比教室式的环境更为有利。此外，在头脑风暴正式开始前还可以用一些创造力测验题供大家思考，以便活跃气氛，促进思维。

3. 确定人选 根据参与式方法的特点，参加头脑风暴的人员一般以 8～10 人为宜，也可略有增减（5～15 人）。与会者人数太少不利于交流信息和激发思维；而人数太多则不容易掌握，并且每个人发言的机会相对减少，也会影响会场气氛。只有在特殊情况下，与会者的人数可不受上述限制。

4. 明确分工 每个讨论小组要推定一名主持人，1～2 名记录员。主持人的作用是在头脑风暴开始时重申讨论的议题和纪律，在会议进程中启发引导，掌握进程。例如，通报会议进展情况，归纳某些发言的核心内容，提出自己的设想，活跃会场气氛，或者让大家静下来认真思索片刻再组织下一个发言高潮等。记录员应将与会者的所有设想都及时编号，简要记录，最好写在黑板等醒目处，让与会者能够清楚看到。记录员也应随时提出自己的设想，切忌持旁观态度。

5. 规定纪律 根据头脑风暴法的原则，可规定几条纪律，要求与会者遵守。例如，要集中注意力积极投入，不消极旁观；不要私下议论，以免影响他人的思考；发言要针对目标，开门见山，不要客套，也不必做过多的解释；与会者之间相互尊重，平等相待，切忌相互褒贬等。

6. 掌握时间 会议时间由主持人灵活掌握，不宜在会前定死。一般来说，以几十分钟为宜。时间太短与会者难以畅所欲言，太长则容易让人产生疲劳感，影响会议效果。经验表明，创造性较强的设想一般要在会议开始 10～15

分钟后逐渐产生。美国创造学家帕内斯指出，会议时间最好安排在 30～45 分钟。倘若需要更长时间，就应把议题分解成几个小问题分别进行专题讨论。

二、基本要点

一次成功的头脑风暴除了程序上的要求之外，更为关键的是探讨方式和心态的转变。概括地说，达到充分的、非评价性的、无偏见的交流。具体而言，则可归纳为以下几点。

1. 自由畅谈 参加者不应该受任何条条框框限制，应放松思想，让思维自由驰骋。从不同角度、不同层次、不同方位，大胆地展开想象，尽可能地标新立异，与众不同，提出独创性的想法。

2. 延迟评判 头脑风暴，必须坚持当场不对任何设想做出评价的原则。既不能肯定某个设想，又不能否定某个设想，也不能对某个设想发表评论性的意见。一切评价和判断都要延迟到会议结束以后才能进行。这样做一方面是为了防止评判制约与会者的积极思维，破坏自由畅谈的有利气氛；另一方面是为了集中精力先进行发散性设想，避免把应该在后阶段做的工作提前进行，抑制大量创造性设想的产生。

3. 禁止批评 绝对禁止批评是头脑风暴法应该遵循的一个重要原则。参加头脑风暴会议的每个人都不得对别人的设想提出批评意见，因为批评对创造性思维无疑会产生抑制作用。同时，发言人的自我批评也在禁止之列。有些人习惯用一些自谦之词，这些自我批评性质的说法同样会破坏会场气氛，影响自由畅想和发言动机。

4. 追求数量 头脑风暴会议的目标是获得尽可能多的设想，追求数量是它的首要任务。充分调动参加会议的每个人，抓紧时间多思考，多提设想。至于提出设想的质量问题，可以在会后对设想进行分析处理的阶段去解决。在某种意义上，设想的质量和数量密切相关，产生的设想越多，产生创造性设想的可能性就越大。

三、头脑风暴优点分析

（1）极易操作执行，具有很强的实用价值。

（2）非常具体地体现了集思广益，调动团队的集体智慧。

（3）每一个人思维都能得到最大限度的开拓，能有效开阔思路，激发灵感。

（4）在最短的时间内可以产生大量灵感，会有大量意想不到的收获。

（5）针对任何难题都可能发现有效的解决方法。

（6）面对任何难题，举重若轻。对于熟练掌握"头脑风暴法"的人来讲，再也不必一个人冥思苦想，孤独"求索"了。

（7）因为头脑越来越好用，可以有效锻炼和提高个人及团队的创造力。

（8）使参加者更加自信，因为他会发现自己居然能如此有"创意"。

（9）可以发现并培养思路开阔、有创造力的人才。

（10）创造良好的平台，提供一个能激发灵感、开阔思路的环境。

（11）良好的沟通氛围有利于增加团队凝聚力，增强团队精神。

（12）可以提高工作效率，能够更快、更高效地解决问题。

（13）使参加者更加有责任心，因为人们一般都乐意对自己的主张承担责任。

第四节　优劣势分析

优劣势分析法（SWOT 分析法）又称为态势分析法，是指对项目的优势（strength）、劣势（weakness）、机会（opportunity）和风险（threat）进行分析判断，发现和制定科学决策的过程。其中，项目的优势和劣势是内部因素，机会和限制条件是外部因素。一个组织和个人分析决策的过程是实现"能够做的"（即组织的强项和弱项）和"可能做的"（即环境的机会和威胁）之间的有机组合。也就是将与研究对象密切相关的各种主要内部优势、劣势、机会和威胁等，通过调查一一列举出来，并依照矩阵形式排列，然后用系统分析的思想，把各种因素相互匹配起来加以分析，从中得出一系列相应的结论，而结论通常带有一定的决策性。运用这种方法，可以对研究对象所处的情景进行全面、系统、准确的分析，从而根据分析结果制订相应的发展战略、计划和对策等。

讨论到敏感问题时参与者可能会争执不下。讨论协调者可能需转换话题，稍后再回到敏感问题，这样可避免可能出现的尴尬局面。一部分人可能会在讨论中起支配地位，讨论协调者可征求某些特殊人员的意见来弥补，或者让持有不同看法的人分组讨论。将讨论结果总结为几句话可能会很不容易。讨论协调者应该总是征求讨论者的意见，看他们是否同意总结报告的内容。

优劣势分析法的主要用途：为特定情形提供一种分析的框架；鼓励广泛的多种意见输入；头脑风暴法分析潜在的解决方案；收集有用的情况评估数据。

优劣势分析法遵循以下五个步骤。

第一步：评估长处和短处。做个列表，针对某个目标，列出你的优势。同样，通过列表，你可以找出自己的弱势。找出你的弱势与发现你的优势同等重要，因为你可以基于自己的优势和劣势上，做两种选择；或者努力去改正错误，提高你的技能，或者是放弃那些对你不擅长的技能要求的学习。

第二步：找出机会和存在的风险。实现某个目标会面临不同的外部机会和限制条件，所以，找出这些外界因素是非常重要的，因为这些机会和存在的风险会影响今后的发展。如果处于一个常受到外界不利因素影响的环境里，机会将是很少的。相反，充满了许多积极的外界因素的环境将对事物的变化起到积极的影响。请列出你感兴趣的一两个目标，然后认真地评估实现这个目标所面临的机会。

第三步：提纲式地列出你的目标。仔细地对自己做一个SWOT分析评估，你必须竭尽所能地发挥出优势，使之与可能出现的机会完全匹配。

第四步：提纲式地列出针对目标的行动计划。这一步骤主要涉及一些具体的内容。详细地说明为了实现每一目标，你要做的每一件事，以及何时完成这些事。如果你觉得需要一些外界帮助，请说明需要何种帮助和如何获取这种帮助。你拟订的详尽的行动计划将帮助你做决策。

第五步：寻求专业的帮助。能分析出自己的优势和缺点并不难，但要去用合适的方法改变它们却很难。相信你的朋友、有关专家都可以给你一定的帮助，争取外力的协助和监督也会让你取得更好的效果。

针对农民田间学校发展的SWOT分析案如表8-3所示。

表8-3　针对农民田间学校发展的SWOT分析案

项　　目		农民田间学校	传统培训
内因	优势	理念更新、参与式、启发式、理论联系实际，是一个连续过程，系统性强，知识和技能同步提高，农民容易接受，受益终生，培训效果明显	时间短，老师容易找，老师工作量小
	劣势	培训时间长，辅导员少，辅导培训难度大，投入大，召集困难，规模小，仅限于生产知识	填鸭式教学，教学不能因人而异，效果差，没有系统性，没有充分交流互动
外因	机遇	领导重视，资金支持，社会观念发生变化容易接受新事物	政策好，各级政府重视，可以获得证书，组织容易，内容有针对性，培训规模大，设施好，知识综合
	风险	需要时间、实践的检验，后续领导不支持资金，学员不参加，课件设计不合理，没有造血机制，需要资金支持	没有造血机制，需要资金支持

（续）

项　　目	农民田间学校	传统培训
建　　议	1. 培训领导，使其观念更新 2. 大量多次培训辅导员 3. 专项资金支持，增加设备（器材、桌椅、工具） 4. 聘用专职辅导员 5. 与科技入户推广方式结合 6. 农民田间学校与传统方式相互补充，搭配使用	

第五节　逻 辑 树

逻辑树又被称为问题树、演绎树或分解树等，是麦肯锡分析问题、解决问题的重要方法，能帮助人们在纷繁复杂的现象中找出关键驱动点，推动问题的解决。

一、逻辑树的作用

逻辑树主要帮助人们厘清自己的思路，不进行重复和无关的思考。逻辑树能保证解决问题的过程的完整性，它能将工作细分为一些利于操作的部分，确定各部分的优先顺序，明确地把责任落实到个人。逻辑树是所界定的问题与议题之间的纽带，它能在解决问题的小组内建立一种共识。

概括起来，逻辑树具有三大优点：比较容易找出遗漏或重复、展开原因和解决对策，以及展现具体清晰的因果关系。具体来说：①用逻辑树探究因果关系，归纳现象，找出"问题到底在哪里"；②假设可能解决方案，并根据需要验证的内容开展工作；③分析资料、合理推论，找出根本原因；④打破框架，发散与收敛，破除思考的盲点；⑤培养洞察力，抽象归纳、具体分析，看见别人看不见的答案等。

二、如何使用逻辑树？

1. 层层展开地想问题——"为什么"　在运用逻辑树时，首先，可由左至右画出树状图，最左边空格中的内容，就是"思考的主题"；其次，思考造成问题的原因，做出第一列原因的表格，当第一层原因浮现后，可针对个别原因再深入细究，依次是第二层原因、第三层……

由上可知，透过逻辑树的层层推演，可将问题抽丝剥茧，严密地探索问题背后的每一个原因，并有助于使用者将表面化的问题，以因果逻辑为线索，在深度与广度上寻找问题的成因。

2. 集思广益想方案——"怎么做"　在以逻辑树追究出问题的根本原因之后，接下来就以分析的结果作为依据，思考具体的解决方案。这个过程同样可借助逻辑树帮忙达成，做法上也与追究原因时类似：首先将"思考的主题"，或"有待解决的问题"，放在逻辑树最左边，之后则是以问自己"应该怎么做来解决问题"的方式，一步步深入找出具体方法。

使用解决对策的逻辑树时，要注意不要偏离目标，以及行动间要有具体的因果关系。在把解决对策"具体化"的过程中，必须反复追问"怎么办"，只要多个对策都能用逻辑树串联起来执行，问题就很可能被解决。这和"追究原因的逻辑树"的不同之处在于，只追问原因可能会忽略掉有建设性的见解。

三、逻辑推理的七个步骤

第一步：确认需要解决的问题。这个问题必须是具体的，而非模糊笼统的，其内容必须单一，不可以出现多个问题的组合。

第二步：分解问题。运用问题树来分解问题，将问题的所有子问题分层罗列，从最高层开始，并逐步向下扩展。把一个已知问题当成树干，然后开始考虑这个问题和哪些相关问题或者子任务有关。每想到一点，就给这个问题（也就是"树干"）加一个"树枝"，并标明这个"树枝"代表什么问题。一个大的"树枝"上还可以有小的"树枝"，如此类推，找出问题的所有相关联项目。

第三步：剔除次要问题。对于复杂问题，每个问题有不同的贡献度，要根据重要程度对所有问题进行排序，找出关键驱动点，并且剔除次要问题。

第四步：制订详细的工作计划或管理措施。将思维过程转化为可执行的工作计划或采取的措施，这是咨询工作中的重要环节。

第五步：进行关键点分析。针对关键驱动点，通过头脑风暴的方式，利用团队的智慧找到解决方案。

第六步：综合分析调查结果，验证过程的逻辑性。

第七步：陈述整个工作过程，进行交流沟通。

参与式农民研究

第一节　参与式农民研究方法

学习的过程是一个循环的过程，而问题与需求是启动学员学习的根本源泉。学习循环的过程是提出问题—假设—设计—观察—分析—归纳评估—产生新问题，是逐步循序渐进、螺旋上升式的问题解决过程。学习循环方法在农民培训等成人教育中广泛应用。参与式农民研究主要是验证性或探索性的，针对不同阶段农民生态系统分析中发现的新问题，采用学习循环方法进行验证或解决，有利于培养学员系统解决问题的能力。

一、农民实验/试验研究过程

在以开展问题为导向的农民研究实践中的应用步骤如下。

第一步：问题的确定。研究课题或问题的确定（来自培训对象）通常可以采用课程表形式进行（表9-1）。

表 9-1　问题的确定

存在问题	目前办法	改进潜力	限制条件	课题确定

第二步：提出假设。针对确定的问题，提出期待的试验结果，这个过程可以通过概念表进行（表9-2）。

表 9-2　提出假设

提出的观点	观点提出者	可能性评价

　　第三步：方案（试验）设计。成人特别是农民做研究最基本的原则，一定要用单因素的试验，重复尽量少，建议 2 次，做到越简单明了越好。在这个过程中注意各个处理及其排列的设计。

　　第四步：试验观察。明确调查的主要指标，以及相应的调查方法。针对具体的调查内容确定抽样方法。

　　第五步：结果分析。提倡用一致性比较法，比较简单明了，便于学员接受。不提倡采用显著性分析法。

　　第六步：总体评估。对照概念表对试验的结果进行评估，验证假设成立情况，并提出下一步改进意见。

二、农民实验/试验的类型

　　由单个农民或农民小组开展的试验是学习新概念、新观点，测试比较新方法、改进引进技术以适应当地情况，以及解决他们所面临问题的重要工具。根据安排试验的不同目的，农民试验研究可分为以下 3 种类型。

　　1. 学习型试验　主要是针对成熟的技术方法，通过简单的演示或展示过程，用于学员学习试验方法的试验。学习型试验的目的是学习而不是研究。辅导员清楚试验的结果，这些试验的主要目的是示范、演示试验的方法步骤或者某些实际情况。只有对学员来说试验结果是新的内容，可以为她/他增加知识背景。学习型试验需要提前很好地设计和准备。试验的目的和程序必须让每个学员都十分清楚，尽管学员们会对需要度量的变量给出种种建议。辅导员应该时刻关注是否获得预期的结果，如果没有得到预期的结果就应该找到解释的理由。试验的结果不是作为一种创新，而是给学员提供经验，帮助他们获得知识。

　　2. 测试和改进型试验　主要是针对在外地成熟技术的引进，用于验证技术和方法在当地的适应性，或者从多项技术中心比较筛选最适宜的技术方法。适应性试验研究是在当地的条件下测试创新性试验的结果，并根据当地情况加以调整，以适合于当地的条件。

　　3. 基于解决存在的问题的创新性试验　主要针对全新的问题，目前没有现成的技术或者解决方案，引导学员通过全新的试验设计，寻找解决措施。创新型试验的目的是获得新的思路、方法或者技术来帮助解决已经存在的问题，这些思路、方法或者技术是原来没有人做过的。

不同农户之间，在自然资源、发展机遇和限制因素等方面有着巨大的差异，这意味着没有任何一项单一的技术能够普遍适用于所有农户。农民很少采用专家和推广人员提供的成套技术，而是根据他们的需要采用部分技术的组合，以适合他们各自不同的实际需要。

要有效地学习和解决农民面临的问题，就要根据不同的试验目的进行组织、辅导和设计试验。农民田间学校一般来说以经验性的学习为长期的主要目的，学习型试验和适应性试验比较多。然而，因为创新性试验和适应性试验可以为农民在解决他们遇到的新问题，获取决策信息时提供强有力的工具，因此要鼓励 IPM 小组的农民学员在农民田间学校中进行这类试验的设计、实施和结果分析。有兴趣并有能力从事此类试验的研究小组成员应该被安排作为农民田间学校的农民研究者。

在农民田间学校的多重学习循环中，所有农民学员学习 IPM 知识都是从解决问题的活动开始的。因此，农民试验研究方法必须在开始培训初期就介绍，作为开发农民田间学校学员思维模式的主要工具，给他们提供技能，使他们通过第一阶段农民田间学校培训学习掌握的知识，更好地做出基于充分信息来源基础上的选择决策。在下一期培训中应该让农民学员在他们自己的学习田块中开展试验研究。

建议应用下列指导原则帮助农民学员设计简单但可信的试验，这些试验结果可以给他们做决策时提供清晰的信息。

（1）能够用明显的现象说明基本道理。

（2）简单实用。

（3）无重复。

（4）无歧视，主要是针对试验目标和参与试验的农民的行为。

（5）单因素试验。

（6）考虑特殊人群的应用。

（7）考虑试验危险性。

（8）考虑结果的重现性。

三、农民实验/试验的方法

辅导农民开展实验/试验研究必须详细陈述存在的问题，确定要研究的因素。一个试验一次只检验一个因素。例如，品种比较试验、钾肥的使用时间试验或者有机肥的用量比较试验，尽可能使试验设计的变量是唯一的，便于直观对比，简单明了。简单性意味着结果明了清晰。如果我们比较一系列因素的组合试验，如肥料 A 与高种植密度，肥料 B 与低种植密度组合在一起，我们就无法了解每个因素的作用。只有在特定的情况下才会把两个因素组合在一次试验研究中进行，而且因为这两个因素相互关联，很难分辨出现的结果是哪个变量因子贡献的作用大。

尽可能详细地确定要开展试验的目的。确定试验结束后我们需要调研和了解什么内容。

首先，要确定假设。我们期待什么样的（试验）结果？

其次，要确定要检验的处理。处理数太多或太少都很难产生有用的信息。每个试验最适宜的处理数为 3～5 个。首先确定对照处理，一般是用已知结果的常规操作作为对照，如农民常规方法或者农业技术推广部门推荐的标准方法。其他处理考虑田间实际情况和农户的能力（经济、劳力），参照对照并在综合考虑有关因素的前提下确定。处理必须反映出可能潜在敏感的操作措施和内容。

要保证试验的可靠性，每一个处理都必须设置几次重复。重复可以减少田间因素变化的影响，如土壤肥力，水分供应和光照状况的差异等。自然变异是一个田块中不同植株之间的差异和田块不同位置的差异。试验研究尽可能在相同的条件下来比较不同处理的差异。由于自然状态下，田块不可能完全一致，所以我们必须了解田间的自然差异，并使不同试验处理的重复间差异分布一致。在农民进行的试验研究中，每个处理安排 2～3 次重复就足够了。

确定试验田块。每个重复的小区面积不得小于 10 平方米。每个小区的形状最好要一致，尽可能为正方形或长方形。如果田间难以使所有正方形小区面积都一样，就要仔细测量每个小区的面积，并安排好各个处理。进行田间不同处理的安排时，应该使每个处理的各个重复之间不相邻（例如，采用系统区组设计）。

简单的田间试验中很少应用随机设计，因为简单的田间试验中随机安排重复小区可能产生一些干扰影响。简单但实用的方法是在一个小区种植同样数量的作物，比如种植 60 株作物为一畦。然而，株行距可以变化，可能对某些植株有利，但却对某些植株不利。我们进行试验结果分析时，需要对每一植株测产。最好是保持小区面积和每小区种植的植株数量恒定一致。这种简单的大区试验，在小区的选择与划定时，尽量选择在各方面都比较均匀的地块。

一个处理重复小区与另一处理重复小区相邻，就可能受到比较大的影响，从而导致误差的产生（图 9-1）。偏差，或称之为干扰，影响着试验结果质量的好坏。它可能由于农药、肥料的漂移、昆虫的活动等因素而产生。作为作物密度或者品种比较的试验，受此类误差的影响就比较小。

　　首先可以通过增加小区面积来减少误差。对于一个研究害虫防治效果的试验，这类研究容易产生很大偏差，比起研究作物种植密度的试验需要更大的小区面积。其次，我们可以在每个小区周围设置保护行（每边至少保留 1 米）的不调查区域，试验调查取样限制在小区的中间部分（图 9-2）。在小区之间设置田埂可以防止水分带动肥料的移动。

　　当一块田太小时，如果安排所有小区，就会因为此块小区面积太小而产生很大的误差。因此就需要进行分组设计。一组是一套完整的处理（图 9-3），A、B、C 分别代表不同的处理，三个处理的三次重复分别分布在区组 1、区组 2 和区组 3 中，每组与其他组之间有间隔。由于组之间有间隔，所以每组均有它自己的自然特点，也就是说组与组之间存在着地块所处的海拔高度、土壤肥力、水分情况等方面差异。因此，应用分组设计就会导致试验结果变异，这就更难得到准确的试验结果。建议尽量避免应用分组设计，尽可能在足够大，且全田一致性比较好的田块安排试验。

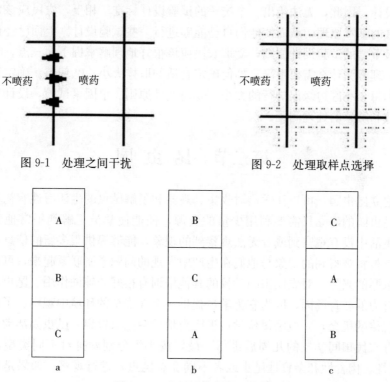

图 9-1　处理之间干扰　　　　　图 9-2　处理取样点选择

图 9-3　3 个区组的各处理排列

a. 区组 1 的各处理排列　b. 区组 2 的各处理排列　c. 区组 3 的各处理排列

　　每个小区都应有标记（如用竹片），在标记上用防水标记笔清楚地写上试验处理地名称和第几次重复。

　　确定要测定的变量。变量必须直接与我们开展研究的目的相关。当试验的目的是要提供研究因素对产量产生影响的信息时，有关生长的指标和试验的最终产量都需要测量。最后，还需要确定对选定的变量进行调查的次数和方法。

　　在试验实施过程中定期调查，观察并记载下目标作物发育进展、气候、田间条件的变化等因子。这些记录有助于以后对试验结果的分析和解释。在需要时测量所有的变量。

　　数据分析。计算每个处理所有重复的平均数，分析试验结果。

　　基于数据分析的结果和试验假设，做出结论。

　　确定建议下一步可能要做的后续研究。

　　最后，准备和撰写包括试验设计、结果和结论的试验报告。报告的形式根据学员的能力，可以是展板，田间展示或者书面报告等多种形式。

　　田间试验是根据试验的题目，试验田的条件和面积，研究的深度来确定最优的设计。因此，无法给出一个统一的试验设计标准。相反，农民应该掌握试验方法的基本原理，从而使他们自己能够进行一些试验设计。上面已经讨论了三个最重要的试验设计原则，受训农民应该很好地理解掌握下面三点。①自然变异。理解为什么需要重复，如何确定合适的取样大小；②偏差。确定合适的小区和每个小区边缘保护行的大小；③简便性原则。单因素试验，设计有限的处理数和敏感的处理间距。

第二节　昆　虫　园

　　建立昆虫园，可以让学员对收集、观察和了解昆虫的生活习性有初步的认识。昆虫园的建立只需要利用少量的资源，便能使学员了解到平常他们在生产、生活中没有观察到或者无法观察到的现象，能够提供很多新的信息，并可以使学员将观察到的现象与他们在生产中发现的问题紧密联系起来，可以引起学员浓厚的兴趣，对农民田间学校的其他培训有很好的辅助作用。昆虫园具有强而有力的教育诱因，因为它为学员提供一个在安全的环境中观察、了解昆虫生活规律的机会，并鼓励每位学员近距离地接触昆虫世界。昆虫园活动适合于在开办农民田间学校的几周后进行。最好按小组分别安排对不同类型昆虫园（植食性、肉食性和杂食性昆虫或者不同变态昆虫）进行观察。如果是首次建立昆虫园，建议从小型的昆虫开始。

　　1. 建立昆虫园的目的　了解、熟悉所观察昆虫的生活史、栖息地；发现所观察昆虫在农业生态系统中所扮演的角色（有益或有害；生物链中的位置）；比较观察的昆虫与其他生物的差异；激励互助合作的学习方式；学习、掌握基本的观察、记录技能与责任。

2. 昆虫园类型 观察对象昆虫是区分昆虫园类型的重要因素，从作用上可以分为认识益虫类昆虫园、昆虫识别类昆虫园、昆虫虫态识别类昆虫园、危害状识别类昆虫园、诱杀类昆虫园，通过昆虫园的建立可以帮助掌握昆虫生活史、为害状态、以什么虫为害，认识未知昆虫等。

3. 昆虫园的设计

（1）明确建立昆虫园的目的，主要是通过昆虫园传授给农民科学观察的理念，认识昆虫生活史和生活规律。

（2）昆虫园的主要类型可分为发现型、验证型、为害型。

（3）制作昆虫园的主要原则：遵循现实的重要性，理论的提示性，操作的简便性，观察的直观性原则。

（4）昆虫园应注意的几个问题：①标签要准确完成；②有系统记录；③选择的虫子易于观察；④当季发生的主要种类；⑤以捕食为主；⑥做全生活史的观察不要选择婚飞的昆虫；⑦容易饲养，体壁不要太柔软；⑧生活史不要太长；⑨做全生活史的观察不要太多；⑩要集体分析讨论。

4. 观察生活史的昆虫园实施步骤 开始昆虫园实验之前，要根据想要饲养昆虫的大小和习性，设计并准备好饲养器皿，如带纱网盖子的广口玻璃杯，透明并带气孔的塑料盒等。

准备柔软的毛笔，在采集和饲养昆虫时不至于伤及虫体；准备吸虫器，在采集微小昆虫时使用，并准备吸水纸、脱脂棉等。

开展田间观察或者生态系统分析调查时，采集几种活的昆虫或者其他节肢动物（如蜘蛛），并将它们保存于携带的已经打了孔的空矿泉水瓶中带回。

采集该种昆虫取食的植物（肉食性昆虫、蜘蛛可以采集一些它们的捕食昆虫）。

记载采集地点、采集时的虫态和采集农田的基本情况（天气、植物生长状态和农事管理如打药、施肥等）。

回到室内培训场所，迅速将要饲养的昆虫按种类、按组分配饲养。

每个小组根据自己饲养的昆虫选择饲养器皿，在器皿的底部平铺一层吸水纸，放入饲养对象和新鲜食物（植食性昆虫用植物叶片，肉食性昆虫用其捕食对象昆虫——一般是植食性昆虫，以及捕食对象的食物）。

记录饲养对象和捕食对象的虫态、龄期、数量。

将昆虫园放置在干扰少、没有阳光直射和冷风不能直接吹到的地方。

5. 昆虫园的维护 负责昆虫饲养的学员首先要确认饲养器皿上的每一项标志的正确性，并确认有昆虫的名字、食物、水和饲养的流程。成功的昆虫园必须具备以下四个要点：合适的饲养密度、干净的器皿、适当的温湿度和新鲜的食物。要经常更换容易腐坏的食物（如水果块），观察食物多久被吃完，假如1～2小时内吃完，就需要多放一些。如果食物在一段时间内没有减少或根本没动，可能所饲养的昆虫要变态或者化蛹了。确定昼夜温差变化不太剧烈。

贴上饲喂和清洁昆虫园的时间表，并认真记录。

请每个组的学员设计一份"昆虫饲养观察记录表"，以记录他们的观察结果。表中要记录以下问题。

(1) 该种昆虫是如何寻找食物的？

(2) 昆虫会有固定的食物偏好吗？

(3) 该种昆虫是如何取食的？

(4) 你能分辨出它吃些什么吗？

(5) 这些昆虫是如何成功地适应它所处的环境的？

(6) 在容器的哪个部位最容易发现该种昆虫？

(7) 昆虫会藏在什么东西下面吗？如果是，为什么？

6. 案例 鉴别七星瓢虫是害虫还是益虫。

目的：识别七星瓢虫是否为益虫，以便确定是防治对象还是保护对象。

材料：防虫网、花盆、铁丝、目标作物、标签、捕虫网。

设计：用一个矿泉水瓶子，一头放蚜虫（害虫），一头放怀疑七星瓢虫能为害的蔬菜叶子，中间放七星瓢虫，看七星瓢虫往哪头去，如为害蔬菜叶片证明七星瓢虫是害虫，如吃蚜虫证明七星瓢虫是益虫。

步骤：采集昆虫—制作昆虫园—观察—记录结果—分析判断。

点评：不容易判断出是否为益虫的昆虫，一定要结合发现昆虫的植物，并结合查询资料，在辅导员的引导下来选定可能的取食对象，最少包括可能的为害作物和可能取食的害虫。

第三节　病　害　圃

通过病害圃认识病害症状、发生和传播的规律，使农户能够正确诊断病害，做好科学预防与合理防治，包括综合防治技术选择、防治时期和防治方法的选择。

1. 病害圃演示实验的目的 通过病害圃传授给农民科学观察的理念，并为实践中采取防治措施提供依据。

2. 病害圃的类型　确定病害的来源（侵染源——种子、土壤、病株残体等），确定发生时期（不同时期接种表现——确定某时期是否会发生或是否为敏感期，制订措施），确定传播途径（气孔、根、伤口、风、雨水等），确定为害症状。

3. 病害圃的原则　遵循现实的重要性、理论的提示性、操作的简便性和观察的直观性原则。

4. 注意事项

（1）把病害侵染法则——柯克氏法则引入病害循环，农民理解后把病株残体及时清理。

（2）便于观察，不能用显微镜（菌脓或染色等演示）。

（3）演示典型症状和典型特征（萎蔫，木质部变褐是真菌性病害）。

（4）对生产要有指导意义（田间发生关键期结合讨论制订防治策略）。

（5）不要交叉感染，实行单因素病害圃（随时考虑水、肥、气等条件）。

（6）如不演示抗病性，最好用最感病品种在最感病时期来做。

（7）不能做抗病性演示（易失败）。

（8）少做病毒病实验。

在培训中应用得比较多、比较好做的病害圃主要有以下几种：

系统性病害：如枯萎病、黄萎病、青枯病等。

局部侵染性病害：如番茄灰霉病、炭疽病等。

果实病害：如灰霉病。

叶面病害：如白粉病等。

细菌性病害：如青枯病、软腐病。

病害种类分为：①非侵染性病害：能造成组织变坏；②侵染性病害：由病原菌引起的病害，可以分为细菌性、病毒性、真菌性、线虫性、寄生性种子病害。

例一　辣椒白粉病侵染途径演示性实验

1. 目的　使农民掌握白粉病侵染来源，做到科学管理。

2. 实验材料　辣椒小苗 6 株、塑料膜、支架、塑料袋、已经感染白粉病的叶片 20 片，以及氮肥、磷肥和钾肥。

3. 实验时间　6 月中旬至 7 月中旬。

4. 实验温度和湿度　室温 20～30℃，相对湿度大于 85%。

5. 实验观察　将受白粉病侵染的叶片放置在健康的辣椒植物叶片上，分别于一定的温度和湿度内培养，并分别于第 5 天、15 天、25 天观察。

6. 辅导问题　①观察中的发现。叶片症状、植株表现差异、时间的变化；②分析可能的原因；③引入有病叶片的原因；④侵染可能的潜伏期；⑤应该在生产实践中注意的问题。

7. 实验总结　①本实验注意的重点；②说明侵染性病害的三角关系；③生产管理实践中应注意的问题。

8. 辣椒白粉病侵染循环图

孢子感病叶片 ——→ 叶背面白粉层形成

空气传播孢子　　　　形成孢子

残体存活　←　　残叶

例二　番茄灰霉病的主要传播途径演示实验

1. 目的　使农民了解番茄灰霉病的主要传播途径。

2. 材料　健康番茄苗 9 株，发病的番茄材料、塑料薄膜、支架、喷壶等。

3. 步骤

(1) 将 9 株健康番茄苗分成三组移栽到花盆内。

(2) 用塑料薄膜罩上，三组之间用薄膜隔开。

(3) 先将中间一组接病菌，使其发病，显示出明显症状（有灰霉层）。

(4) 将其中一面薄膜隔断打开。

(5) 实验过程中要注意保湿，观察记录两侧处理植株是否出现灰霉症状。

4. 辅导问题　①使农民认识到病害主要是通过气流传播的；②使农民认识灰霉病；③注意传播发病的时间；④发病与湿度影响有关。

5. 总结分析要点　①灰霉病是通过气流传播的。传播速度很快，应发现即喷施保护性药剂；②发病受湿度影响很大。生产中若没发病或者轻微发病，管理中要注意通风，阴天尽量避免施药。

例三　保护地不同的灌溉方式对番茄灰霉病发病程度的影响观察

1. 目的　空气湿度对灰霉病的发病程度的影响。

2. 材料　选择结构相同，品种、种植模式相同的大棚。

3. 试验设计　①膜下沟灌的方式（湿度最小）；②滴灌（湿度中等）；③畦灌且不铺膜（湿度最大）。

4. 观察记载　观察各棚番茄灰霉病的发病率。

5. 结论分析　发病最轻的棚室对应的灌溉方式为最佳的灌溉方式，既能降低湿度减轻病害发生，也有利于土壤保湿起到节水的目的。

第四节　参与式农民试验/实验方法

教会农民做试验是使农民学习科学知识、掌握科学技术的根本。农民作为生产的第一实践者，很多创新来自于他们的实践，这主要是由他们的生产需求驱动的。有人可能会提出质疑，农民会做试验吗？对这个问题，我们仔细想一想就会找到答案。同一个地方不同的农户，或同一个农户采用不同的新品种、不同的新肥料、不同的新技术，他们的收获是不一样的，这种最简单直观的对比其实就是试验。农户采用新的技术获得了丰收，其他人看到后会迅速向他学习，并也得到较好的收获。这样的过程循环往复促进了信息技术的传播与应用。通过帮助农民归纳整理他们日常生活中不自觉采用的试验分析方法，提高其自我创新与发展能力，这是农民试验的主要目的。

一、农民试验/实验类型与特点

1. 演示性实验　此类试验没有风险，主要包括导管实验、蒸腾实验、土壤质地实验，在知识层面是成熟的，借助一定的手段或措施，通过演示展示一定的科学知识和道理。

2. 示范性实验　此类试验没有风险，如品种比较试验、肥料用量试验、农药效果试验等，主要针对在当地验证为成熟的技术，而在开展培训的村庄没有应用过，对此种技术进行引进和示范，使受训者通过试验观察接受新技术。

3. 适应性试验　此类试验存在一定风险，建议在试验田内进行，风险由举办方承担。主要针对在其他省份成熟的技术，进行技术引进试验并验证其在当地应用的适应性。建议在农民培训中少量安排。

4. 探索性试验　此类试验结果存在非确定性，风险比较大，必须由举办方承担风险。主要是针对未知的问题，在没有现成的经验参考和借鉴的情况下，探索全新的解决途径的试验，建议尽量少做。

四种不同类型的农民试验，在农民培训中，辅导员扮演的角色、实施地点和引导作用各有特点，需要根据当时的实际情况合理选择使用。四种类型试验/实验比较如表 9-3 所示。

表 9-3　四种类型试验/实验比较

类　型	演示性实验	示范性实验	适应性试验	探索性试验
知识类型	用已有的、成功的原理演示	用已有的知识、原理，通过做使农民理解和接受	用已有的技术。验证知识或技术对当地不同农民适应性	未知
试验设计	辅导员完成	第一次由辅导员完成，农民学习实验思路与方法，学会设计	辅导员设计，学员参与讨论、实施，把握具体环节。使学员了解原理过程。分析可能风险	辅导员引导学员自己做
实施地点	主要在室内（课堂），具备材料	在田间，具备材料和背景知识	在农民田间学校试验田或农民自家田	在田间、室内或实验室
引导作用	辅导员起主导作用，主要采用演示、阐述、类比（不同、相同、清楚）的方法	第一次辅导员主导，后面由辅导员引导农民学员完成	辅导员主导试验设计，引导农民学员主导试验实施。采用引导、启发等方法	由农民主导试验实施。辅导员起到启发、辅助作用

二、演示性实验

（一）导管实验

1. 背景　人们经常给农作物施肥和施用农药，这些物质是如何进入植物，然后又在植物体内运转的呢？化合物一旦溶于水，就可能随水一起被植物吸收，并能通过植物的导管进行运输。农药的施用会影响施用者健康，农药会残留在植株内，残留会影响消费者身体健康，污染环境，对销售量和价格产生影响。

2. 目的

（1）了解植物如何吸收水分等营养物质。

（2）模拟农药的吸收和残留。

3. 材料　广口瓶、红色染料、水、5 种田间采集的植物。

4. 时限　2 小时。

5. 实验步骤

（1）采集 5 种不同类型的植物。

（2）在广口瓶中加入一定量的水，然后加入红色墨水，搅匀。

（3）把植物放入杯中，贴上标签（组名、采集时间）。

（4）30 分钟后观察结果，4 小时和 10 小时后再观察一次，观察植株对红墨水的吸收、叶子的变化以及不同植物的吸收差异。

（5）讨论后分组报告。

（6）总结。

①叶子的颜色发生了什么变化？红色染料是如何进入植物体内的？

②如果我们把红墨水看成是农药，可以给我们什么启示？农药残留表面上不一定看得出来，但是由于留在植物体内，会影响消费者健康、污染环境。

③我们应该采取哪些措施减少农药残留？

（二）农药喷洒实验

1. 目的　本实验是喷洒实验，研究四种喷雾方式对人的中毒影响程度。

2. 材料　白大褂、帽子、喷雾器、清水、红墨水、工作服、手套。

韭菜田间喷雾器施药示范，用红墨水代替农药，看施药过后喷在白大褂上的红墨水的点数，就可以知道药液对喷药人的接触程度。

3. 总结　喷药的风向，应逆风而行，并倒退着走；针对不同作物的不同部位来施药；喷药时农药飘移现象严重，对人的口鼻眼等有伤害，对环境有污染。

（三）不同土壤持水能力和透气性演示

1. 目的　演示不同质地的土壤（黏土、壤土、沙土）持水能力和透气性。

2. 材料　3 种不同质地的土壤、6 只纸杯（材质相同，玻璃杯更好）、水、小块纱布。

3. 步骤

（1）准备 3 只装满 3 种不同土壤的杯子。

（2）准备 3 只装满水的杯子。

（3）分别用 3 只盛水的杯子向装满土的杯中灌水（速度要慢）。

（4）观察水杯中剩余的水量，剩水多表明透气性差。

（5）倒掉水杯中剩余的水分。

（6）将土壤杯用纱布隔开，倒扣在水杯上。

（7）观察水杯水量。水多表明持水能力差。

启示：土壤结构对土壤持水量有影响，采样要考虑 3 个因素：①土样结构使实验结果不可预期；②选取的土样的含水量影响该实验是否成功，要尽量一致；③装入土壤的紧实度要尽量一致。

考虑因素要复杂，演示实验要简单，要找出主要因素。

（四）土壤的通水性演示实验

1. 目的　比较不同土壤的通水性。

2. 材料　气球 3 个，沙土、黏土、壤土各 100 克，自来水。

3. 步骤

(1) 在 3 个气球底部分别扎 3 个眼。

(2) 将等体积的黏土、沙土、壤土分别装入气球中，并做相应标识。

(3) 用矿泉水瓶向气球中加入等量的水。

(4) 观察在相同时间内 3 个气球渗下的水量，以及渗出第一滴水的先后顺序。

(五) 沙土、黏土、壤土的特性演示实验

1. 材料　3 种不同类型的土壤、一定量的水。

2. 步骤

(1) 3 种土壤中分别加入适量水。

(2) 用手捏。

3. 总结　黏土可捏成任意形状，形成团而不断裂；沙土捏不成团；壤土的性质介于两者之间。

(六) 土壤的导电性

1. 材料　万用仪、3 种土壤、3 个矿泉水瓶、矿泉水。

2. 步骤

(1) 3 个瓶中分别加入等量的 3 种土壤，并加入等量水。

(2) 用万用表测量各个瓶中的电阻值。

3. 结果　电阻值大小排列顺序：黏土＞壤土＞沙土。

4. 思考　导电性好的土壤到底是好还是坏？

5. 思考答案　要考虑盐碱化程度，正常土壤的导电性好，养分流动均匀，有机质转化效果好。

参与式培训方法

第一节　培训方法分类

在参与式学习领域，近年来一个十分显著的革新是从以文字为主的方法（如讨论、访谈、提问、书面评议、案例分析等）转向以直观手段为主的方法（如画图表、制作模型、放录像、放幻灯、角色扮演、戏剧等），在使用前者的同时，适当结合后者。这种变革为参与式学习提供了更加丰富多样的手段，拓宽了学习的视野和深度，提高了学习的参与程度和实际效果。

用于参与式学习的直观手段有很多类型，不同类型的直观手段可以达到不同的学习效果，培训者应根据学习的目标、内容以及学习者的具体情况选择合适的类型。常用的有如下几大类。

1. 概念分析类　包括概念视图、思维构图、模拟、集群图、问题树、情境再现、心灵触发图、视觉记忆图表、联想图、颜色记忆法、形状记忆法、棋盘设计、纸牌游戏、建筑图像等。此类手段的优点在于有利于学习者将一些复杂的概念、现象和问题区分开，对其中隐含的各种因素及其关系进行细致的分析。此类手段有利于学习者对当地的各类资源进行分析，通过画图和制表，认识到以前仅仅通过文字表述而没有意识到的资源，产生开发这些资源的基本思路。

2. 关系类　包括活动饼图、相关因素影响图、范恩图（Venn diagram）、问题与方法关系图、网状图、鱼骨原因分析图等。此类图表有助于学习者了解不同因素之间的关系，包括因果关系、相互影响关系、匹配关系，以便采取措施改进各种因素之间的关系，促使事情往更加有利的方向发展。

3. 列举类　包括列表、排列、头脑风暴、问题清单等。这类手段可以帮助学习者了解有关事情的容量，其中包含的内容，以便尽可能周全地了解这些事情。

4. 计算类　包括数数、估算、打分、计算平均分、BBT 投票等。此类手段能够帮助学习者计算出有关事情中可以量化的部分，通过数据的计算获得对事情的把握和了解，促使资源得到更加公正的分配。

第二节　主要培训方法及其特点

主要培训方法及其特点有：

（1）讲课。通过讲话的方式（有或者无视觉教具的协助），一个人把信息传递给一群人。这种方式没有学习者的参与，也几乎没有反馈。在面对一大群人，不可能采取讨论的方式时采用。或者在一个专家把新的信息传递给完全没有相关经验人群时采用本方法。

（2）非正规交谈。除了学员的反馈和参与形式不同外，其他与讲课方式相似，但以非正式的方式进行。当有充足的时间来讨论问题、进行反馈的时候，而且涉及的内容并不完全来自于学员时采用本方法。

（3）提问与回答。专家面对一群培训者，有机会就某个题目的特定知识来满足学员的学习期望。在接近一次培训结束的时候，在某个方面有权威的专家来解答学员急切了解的问题时采用本方法。

（4）学习中心。几张桌椅并在一起，形成一个小组。每个培训地点由几个这样的小组组成，接受相同内容的培训。当期望在较短的时间培训较多的信息，以及由于人数太多，应用前面的方法不能进行有效的培训时候，采用本方法。

（5）讨论。针对一些选定的题目，由经过训练的指导者开展交流（思路与观点的交流）。当大家的经验和思路有助于他们发掘学习的关键点时采用本方法。这种方法需要受过训练的领导者确保讨论不偏题。

（6）演示。当我们给学员讲解具体操作的任务时，最好是通过实际操作演示而不是解释。这项活动通常接着就是学员的实践。特别对于技巧、技能类的培训时有帮助。这种培训，指导者辅导的人数少。

（7）小组讨论。当人数太多不适合进行一般的讨论和头脑风暴，以及学员的经验能够引导他们自己探索到结论的时候采用本方法，它是一种在较短时间内针对一个题目促进小组交流观点的方法。这些观点还要回到大组继续讨论。

（8）头脑风暴。当需要学习某类事情时，需要把大家对这件事情的所有观点都集中起来，进行分析、讨论，可用本方法，如开展项目计划。小组全体成员针对一个问题，很快地提出可能的解决方案，用口头表达或者书面小纸片的方式都行。应该考虑所有的观点，而不应该对这些观点批评或者修改。

（9）案例分析。案例分析是将真实情形或者一系列实际事实通过口头或者印刷品的方式传递给学员，让他们进行分析。真实的生活情形和多种不同的观点和看法，能使学员更好、更有效地理解概念。

（10）角色扮演。辅导员或者学员根据设定的情形表演一个具体的角色。参与者必须根据描述的情形和角色用自己的语言和行为来表演角色。需要学员更多、更深入参与的时候，以及培训的内容涉及人与人的信息沟通时采用。角色扮演是培训者用来开展参与式活动与主动培训的主要方法之一。它可以在受到保护或没有风险的场景中扮演（或体验实际生活）。也就是说，作为角色扮演者在培训情况下犯错误，要比在工作中或其他社会环境中犯错误要安全得多，明智得多。

培训中的角色扮演可以得到有关个人表现的充分客观的反馈，从而可以从他人（同学、培训者）的所见、所闻和所感中学习。相反，在实际生活中，极少有人与我们分享他对我们所作所为的反应，告诉我们怎样才能改进。

我们还应提及，在角色扮演活动中，参与者是在"全身心地"学习。这是因为他们要么在体验（扮演角色剧）或反省，要么在批评与自我批评。

（11）情景模拟。是一种比案例分析和角色扮演更复杂的形式。这种形式通常用来创造可能发生的情形，参与者根据情况执行一项任务。一般用于针对灾害、营救、急救或者其他危急情况管理的培训。对这种类型的培训，强调的是每个角色之间的关系，因此需要认真、仔细地设计每个角色以及角色之间的关系。

（12）团队建设。团队建设是一种意在提高集体效率的有组织的活动。它可能涉及以下几方面：制订和阐明目标；审查和提炼程序；寻求更加独到、创新的途径；改进沟通、决策、委派、规划、指导、职业发展和奖励等方面的管理做法；改善团队成员之间的关系；改善外部关系；改善与其他工作团队的关系。团队不能依靠过去的成功，必须不断努力，创造更强的团队精神，团队必须愿意参与内省和反馈（既给予又索取），此外，坦率、信赖、表里如一、互助、分享、关爱、承担风险和勇于尝试等价值观极为重要。

（13）游戏、练习，也被称为有组织的体验，为参与者提供了体验式学习的重要机会。体验的意思，就是从亲自参与有组织的活动中学习，而不是由培训者告诉他们应学习什么。因此，在经典的"NASA（在月球迷失）"游戏中，参与者切身体会到了小组决策的力量与价值。或者，可以向参与者安排任务：用美术纸、纸板、报纸、杂志和胶带搭建一座塔，并从中领悟规划、组织、领导、利用组员技术、参与、沟通、创造力、团队工作、决策和成就感等的重要性及其方法。

尽管辅导员提供了学习的载体，即练习，但学习是通过实际经历这种体验来实现的。虽然有组织的活动本身并非现实，但通过它所学到的东西，却与从实践中学习的一样，都是实实在在的。

为了正确认识这种类型的学习，我们应明白，在完全通过体验来学习时，其他也许更强有力的学习会随之而来。这种以体验式活动包括实验室学习（如敏感性培训、对抗小组、管理方格）；团队建设；记日记或日志，完善各种文件，供自省之用；参与模拟活动；在角色剧中扮演以工作为导向的真实案例。

游戏是一种受规则约束的学习活动，开展竞争，有胜方和负方。尽管游戏并不反映现实，但却是（且必须是）一种学习。这种学习一般来自对游戏的体验，包括参与者之间的互动，但并非来自游戏本身的主题或内容。

培训工具的应用应考虑图 10-1 的方式结合，能动的、形象的方法能使受训者得到体验上的感受，这些方法可以产生经验，而抽象的内容则可以锻炼受训者的逻辑思维能力。这里所说的抽象工具应用是指受训者自己描述、总结，而非外来者包办代替。

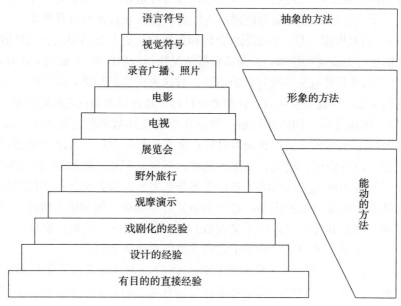

图 10-1　经验之塔

几种培训方法的主要特点及适用范围如表 10-1 所示。

表 10-1　几种培训方法的主要特点及适用范围

培训方法	主要特点	适用范围
讲课	理论性、系统性强，信息量大，信息单向传递	政策性、理论性、专业性的知识

（续）

培训方法	主要特点	适用范围
演示	直观、明了、灵活，需要特定设备、场地等	可操作性强的内容，简单的试验示范
案例分析	有现实的指导意义，可以比较、吸取经验教训	法律法规等约束性强、相对规范的内容
角色扮演	参与性强，有切身体会，印象深刻，身临其境	参与式培训，体验式教育
游戏	寓教于乐，趣味性强，能够激发兴趣，增强协作能力	团队建设，人际关系建立，思维训练
情景模拟	情景再现，针对性强	引申联想事件，分析发现问题
头脑风暴	发散性思维，集思广益	没有解决的方法，信息收集整理
小组讨论	归纳、总结，不断加深印象	统一认识，形成决策

第三节　主要参与式培训方法应用

在以上主要培训方法中，游戏、头脑风暴、小组讨论等培训方法在参与式调研等活动的章节已进行详细说明，这里主要对案例分析法、角色扮演和情景模拟法的优缺点与基本应用情况进行概括说明。

一、案例分析

案例分析法（也叫案例法、案例讨论）使参与和学习效果实现最大化。案例法是一种历史悠久的教学方法，哈佛大学在 19 世纪 80 年代发展并运用了案例法。在培训领域运用如此众多鼓舞人心的参与式（体验式）方法之际，案例法，至少其典型模式，已难以成为最富魅力的培训方法。尽管如此，与讲课、放影片和小组座谈等其他单向培训交流方式相比，它仍是一种以学员为中心的方法，仍具有许多优势，但也存在不足。

（一）案例法的优势

（1）亲历。它通过把成员变成主动而非被动的参与者，将思考的责任交给学员，激发他们的兴趣。

（2）现实。学员分析已实际发生的情况。

（3）具体。组员处理具体事实和事件，而非泛泛而言。这种方法使人认识到，公式和原则在具体情况下几乎毫无价值，具体情况需要具体分析和具体应对。

（4）将组员置于集体之中。案例法提供机会，实现小组内令人满意的合作，让人对小组的重要性产生一定认识。

（5）牢牢树立一种"既予又取"（give-and-take）的观念。组员必须为自己的观点辩护。同时，必须努力理解和运用他人提出的观点。

（6）让学员认识到，他人看待问题的方式不同，他人也有着与自己类似的问题，他人也不好解决这些问题。

（7）使人认识到，所讨论的问题并非只有一个主题，或只有唯一答案。

（8）培养判断力和独立思考能力、使自身更加成熟。

（9）提供实施监督或管理任务关键部分的经验。它可使组员养成分析形势、运用事实、制订行动方案和做出决策的习惯。此外，它所提供的这种经验是在对组员或其所属组织毫无风险的情况下进行的。

（10）更好理解人们的行为，对行为背后的原因更加敏感，认识到探索真正原因的必要性。组员们认识到，人们往往具有不合逻辑的、对他们来说至关重要的感觉、感情和信条，而且必须加以考虑。他们还会更加清楚地认识到，自己的行为会如何影响他人行为。

（11）改善沟通技巧。组员们学习如何更好地倾听。还会提高自己的表达能力。

（12）缓和固执已见的态度，如"红头发的人都性急""恐惧使人工作更努力"。它改变态度和看法，让人自觉、自愿地从各个角度看待问题。

（二）案例法的不足

（1）不能提供真正的经验。尽管案例法运用真实的情况，但它在多方面缺乏现实性。参与者并不真正对自己的决策负责。事实是现成的，学员们几乎得不到寻找与识别事实及各种关系的经验。由于无法提供所有掌握的事实，因而，情况可能被简化了。打印出来的案例并不会传达出人类个性和行为的许多微妙而重要的言外之意。学员们体验不到连续的互动，而这恰恰是现实的一部分。

（2）不完整。它不会进入实施决定和检验结果阶段。

（3）有时过度强调决策。现实生活中，行为也许并不合理，或者，某个特定的解决方案也许行不通。

（4）与其他方法相比，需要主持人更有技巧。"告知"问题很容易，但要阐述问题以激发讨论并让讨论不脱轨却不容易。主持人需要具有高度自我控制能力，避免发表自己的意见。讲课人可以选择他想讨论的问题，而在采用案例法时，主持人无法预见可能提出的所有问题。

（5）意见不同。岂止是不同，而是根本不同。起初，当参与者发现没有具体的结论、答案或解决之道时，往往会感到灰心丧气。有些人可能会觉得，各持己见这种主意太新潮，甚至是匪夷所思。

（6）速度慢。这种方法所要求的讨论和商议自然与以"总结性发言"就结束的形式相比更耗时。通常需要一段时间来克服（5）中谈到的挫折感。

（7）不是所有人都适合此类方法。

（8）这为"好出风头者"垄断讨论提供了更多机会。

（9）更难将这种方法的学习效果与具体的操作实践相结合。

（10）若以传授事实为主要目的，则不实用。

（11）如果运用不当，就会变成一种时间和精力的浪费。

通过评估上面列举的优缺点，我们可以放心地说，这是一种有益的培训方案，是一种参与式方法，但几乎已不是当今最振奋人心和意义深远的培训方法。然而，运用时做到下述几点可以实现最大回报：①案例的形式要多样；②提供补充培训计策，从而更加充分地探讨某个特定的案例。

二、角色扮演

角色扮演是培训者用来开展参与式活动与主动培训的主要方法之一。它可以在受到保护或没有风险的场景中扮演（或体验）实际生活中的情景。也就是说，作为角色扮演者在培训的情况下犯错误，要比在实际工作中或其他社会环境中犯错误要安全得多，明智得多。

（一）角色扮演的目的和意义

培训中的角色扮演可以得到有关个人表现的充分客观的反馈，从而可以从他人（同学、培训者）的所见、所闻和所感中学习。相反，在实际生活中，极少有人与我们分享他对我们所作所为的反应，告诉我们怎样才能改进。

我们还应提及，在角色扮演活动中，参与者是在"全身心地"学习。这是因为他们要么在体验（扮演角色剧）或反省，要么在批评与自我批评。

更具体地说，角色扮演具有以下目的和益处。

（1）向参与者提供信息。例如，一名最高层管理人员和人事经理分别扮演一名经理和一名会计，后者"学到"目前已有关于禁止性骚扰的规定。

（2）学会某些原则，即学会指导、咨询、维护客户关系、冲突管理和公平雇用的面试等方面的原则。

（3）改变态度。如减轻对另一个部门、异性、残疾人、少数民族、外国人或具有不同文化背景的人的偏见（就减轻对残疾人的偏见而言，让学员们在轮椅上坐上一个小时后，对残疾人的态度发生了积极的改变）。

（4）开发实用技巧。例如，如何结束低价促销，如何处理顾客的反对意见，如何处理训诫性面谈或员工的不满，如何找工作，如何提升促销活动等。

（5）进行"实地"检验或检查某人的方式或技巧是否有效。例如，在销售培训中，人们可以检验自己对问题的预见力，可以更加有效地安排时间，或利用合理的论证。注意：角色扮演是为了实践，不得惩罚。

（6）揭示出某人对他人、某个主题、某个问题等的态度，这样，他就可以得到相关反馈。

（7）提供一面"镜子"（通过反馈），从而参与者可以在其他人扮演时看清自己，这就向促进反省自己和感知他人迈出了基本的一步。

（8）认同他人。通过扮演他人，可以更好地理解"他人来自何处"。例如，在学校遇到困难的学生通过扮演父母、老师和校长，可以对自己的行为有新的领悟。

（9）了解他人的所想、所感（移情作用）。例如，客户、潜在客户、下属、异性成员、少数民族成员、其他年龄段的人、其他部门的雇员、组织内其他等级的人（如总部与办公室职员、流水线与办公室职员）等的所想、所感。

（10）改变行为。如更加坚决果断，更加自觉自愿，学会如何主动倾听，如何间接提出劝告，如何指导下属，让他们在谈话结束时感到自己得到了（精神上的）奖赏。

给一组人提出一个情景，要求一些成员担任各种角色并出场演出，其余人在下面观看。表演结束后举行情况汇报，扮演者、观察者和辅导员共同对整个情况进行讨论。角色扮演给学员提供了一个机会，在一个逼真而没有实际风险的环境中去体验、练习各种技能，而且能够得到及时的反馈。我们已经学习了社交中的人际关系，学习了课堂教学技能，学员们可以继续明确应该怎样，而且在什么样的现实生活环境中适用这些技能。

角色扮演法的实质是把语言知识、实践和活动有机结合在一起，使课堂教育变成动脑、动手、动口的活动。通过行动学会处理问题的方法，而形成的情况则是与观察都会卷入到一个真实的问题情景之中，在投入的过程中尽量理解角色，做到相互交往，设身处地地为他人着想。

（二）角色扮演操作步骤

1. 准备工作

（1）事先要做好周密的计划，每个细节都要设计好，不要忙中出错，或乱中出错。

（2）助手事先训练好，讲什么话，做什么反映，都要规范化，在每个被试者面前要做到基本统一。

（3）编制好评分标准，主要看其心理素质和实际能力，而不要看其扮演的角色像不像，是不是有演戏的能力。

2. 角色分工 由学生自行讨论，构思脚本，布置场景，确定角色分工和实施过程。三种角色分别由不同的学员扮演。

（1）导演。指导整个演练过程，由培训者担任，在演练过程中起着重要的组织、指导作用。

（2）演示者。扮演各种角色，作为训练活动内容的表演者，由导演确定，可由学员轮流担任。

（3）观察者。仔细观察整个表演过程，并进行分析、评价，由除演示者之外的所有学员担任，是此培训课程的主角。

3. 准备资料 准备一些道具，如卷尺、椅子、一些衣服、柜台等，可用摄像机记录演练过程，以便事后观察、分析。

4. 演练准备

（1）培训者介绍角色演练法的基本内容、操作方法和应注意的问题；介绍本次训练课程的题目及预期达到的目标。

（2）角色分派。学员可自愿报名，或按实际的工作服务指派，也可随机选择。除演示者外，其他学员均为观察者。

（3）演示者准备角色，培训者须进行指导。如培训者在指导一位扮演有敌意的顾客的角色时可指出"可以按你喜欢的方式表现，但必须从在柜台上消极的态度开始"。分派角色、准备角色也可在训练开始前进行，根据内容，演示者有时需要较长时间的准备，如制订商业谈判计划。

5. 演练过程 开始前做一些热身活动，如自我介绍、三分钟演讲、大声朗读文章等，创造一种轻松愉快的气氛。充分利用课余时间排练角色，同时不断修改、完善。

（1）培训者介绍演练的特定环境和角色特点。

（2）演示者开始表演，表演结束时观察者全体鼓掌。

（3）表演结束后，观察者以小组为单位对演示者的表演进行分析评价，评论内容包括两项以上的优点、三项以上的缺点和角色今后应注意的问题。各小组对讨论内容加以整理。

（4）各小组代表发言。

（5）重新演出，或重播录像，对问题予以确认，培训者对各组的评论进行评价。

（6）角色演示者发表对自己和对方角色的感想，以及今后的改进方法，各组讨论此次课程学习的成果。

6. 表演的评价 在测评中需要了解被试者的心理素质，而不要根据他临时的表现做出评价；对不同的人来说，当要求他们通过行为来表现能力、心理状态和技术素质时会产生极大的差异。角色扮演的评估，其实就是一个收集信息、汇总信息、分析信息，最后确定被试者基本心理素质和潜在能力的过程。

（1）观察行为。每一位主试要仔细观察，及时记录一位或两位被试者的行为，记录语气要客观，记录的内容要详细，不要进行不成熟的评论，主要是进行客观的观察。例如，观察被试者是否能迅速地判断形势并进入角色情境，按照角色规范的要求采取相应的对策行为；观察包括被试者在角色扮演中所表现出的行为风格、价值观、人际倾向、口头表达能力、思维敏捷性、对突发事件的应变性等。

（2）归纳行为。观察以后，主试要马上整理观察后的行为结果，并把它归纳为角色扮演设计的目标要素之中，如果有些行为和要素没有关系，就应该剔除。角色的衣着、仪表与言谈举止是否符合角色及当时的情境要求；其他内容包括缓和气氛化解矛盾技巧，达到目的的程度，行为策略的正确性，行为优化程度，情绪控制能力，人际关系技能等。

（3）为行为打分。对要素有关的所有行为进行观察，归纳以后，就要根据规定的标准答案对要素进行打分。

（4）制订报告。给行为打分以后，每一位主试对所有的信息都应该汇总，形成报告，然后再考虑下一位参加者。每位主试要宣读事先写好的报告，报告包括对被试者在测评中的行为做一个简单的介绍，以及对要素的评分和有关的各项行为。主试报告时其他的主试可以提出问题，进行讨论。

（5）重新评分。当每一位主试都报告完毕，大家进行了初步讨论以后，每位主试可以根据讨论的内容、评分的客观标准，以及自己观察到的行为，重新给被试者打分。

（6）初步要素评分。等第一位主试独立重新评分以后，再把所有主试的评分进行简单的平均，确定被试者的得分。

（7）制订要素评分表。一般角色扮演评价的内容分为四个部分：①角色的把握性。被试者是否能迅速地判断形势并进入角色情境，按照角色规范的情景采取相应的对策行为。②角色的行为表现。包括被试者在角色扮演中所表现出的行为风格，价值观，人际倾向，口头表达能力，思维敏捷性，对突发事件的应变性等。③角色的衣着，仪表与言谈举止是否符合角色及当时的情境要求。④其他内容。包括缓和气氛化解矛盾技巧，达到目的程度，行为策略的正确性，行为优化程度，情绪控制能力，人际关系技能等。

（8）主试讨论。根据上述内容，主试进行一次讨论，对每一种要素的评分，大家发表意见。

（9）总体评分。通过讨论以后，第一位主试在独立地给该被试者评出一个总体得分，然后公布结果，由小组讨论，直到达成一致的意见，这个得分就是该被试者在情景模拟中的总得分。

角色扮演总结点评是角色扮演中十分重要的方面，只有这样才能对各种态度和行为加以考察和澄清。汇报总结应由卸去角色的扮演者开始，教师可以允许他首先对表演本身发表感想，帮助他表达自己的感情，并把他的体验与这堂课的目标联系起来，接着再要求观众们表明他们的感觉和观察意见。老师将总结这次角色扮演中的关键事件、问题和这次演出所提出的解决问题的方法。对扮演者的行为可以提出表扬，也可以提出批评。若有必要，教师可要求同一角色的同一学员，不同角色的同一学员，或同一角色的不同学员来重复这场演出。

案例　建立一个食用菌协会

乡领导决定在本乡本土将食用菌作为本乡的主导产业，因此决定建立一个食用菌基地。

角色扮演如下：

假如你是乡党委书记：处于主导地位，目前有一个增收致富的好项目，例如，杏鲍菇效益很好。今天请来了企业家，请大家如何做好？具体做法：政府牵头，农业技术站技术服务，企业带动，农民参与，形成一个利益共同体。

假如你是企业家：非常客气，感谢领导支持，更加增加信心。告诉大家关心的价格信息，每亩产 300 千克，亩收益 3 万元左右。愿意在这建立一个基地。农民主要收入来自哪里，规模如何，对大部分农户来讲，技术从哪来？如何连接在一起。

假如你是乡镇农业推广站站长：如何组织农民的培训与技术服务？

假如你是村长：如何解决利益分配问题？如何解决场地问题？

假如你是农民小王：乡政府已经定了要开展，我没有时间，没有文化，家里家务很忙，我担心怎么管理和经营。

假如你是农民张老汉：种植比较收益如何？成本如何计算？

……

三、情景模拟

情景模拟可以包括许多内容，农民培训中主要涉及的内容有与人谈话、无领导小组讨论、角色扮演、突发事件、事件重现和即兴发言等。

1. 情景模拟的优点

（1）具有一定的再现性。能再现已经发生的事件或行为。

（2）具有全面性。能够通过综合判断每个过程或角色的行为表现，找出问题所在或者优缺点。

（3）能加强认识的深刻性。能通过重现和分析问题，使参与者在参与过程中深刻认识到存在的问题并及时进行改正。

2. 情景模拟的缺点

（1）时间较长。情景模拟的设计工作较难，实施时间较长，既要简练，又要起到应有的效果，设计和实施是重要环节。

（2）需要一定的场地和道具。

（3）要有有经验的主持者，对过程进行组织和结果点评。

（4）由于测试情景是模拟的，而不是真实的，那么有些特定因素会影响参加人员的表现。如果他们感到紧张，或是缺乏该经历表现就会比较糟糕。

（5）有一些别的问题，例如，沉重的设备可能不容易搬到测试现场，未经训练的求职者可能弄伤或损坏贵重设备，而且编组测试的成本较高。

团 队 建 设

第一节 团队建设基本范畴与分类

从某种意义上说，团队建设采用的是体育运动模式的基本概念。这些概念包括：假定成绩必须不断接受评判，团队不能依靠过去的成功，必须不断努力，创造更强的团队精神，团队必须愿意参与内省和反馈（既索取又给予）。管理学家斯蒂芬·P. 罗宾斯认为：团队就是由两个或者两个以上，相互作用、相互依赖的个体，为了特定目标而按照一定规则结合在一起的组织。团队的特点包括团队以目标为导向、团队以协作为基础、团队需要共同的规范和方法、团队成员在技术或技能上形成互补。

一、团队建设的基本要素

团队构成的基本要素可以用英语单词的首字母概括为"5P"。

1. 有一个既定的目标（purpose） 该目标为团队成员导航，知道要向何处去，没有目标，这个团队就没有存在的价值。团队的目标必须跟组织的目标一致，此外还可以把大目标分成若干个小目标，具体分到各个团队成员身上，大家合力实现这个共同的目标。

2. 人（people） 人是构成团队最核心的力量，2 个（包含 2 个）以上的人就可以构成团队。目标是通过人员具体实现的，所以人员的选择是团队中非常重要的一个部分。在一个团队中可能需要有人出主意，有人定计划，有人实施，有人协调不同的人一起去工作，还有人去监督团队工作的进展，评价团队最终的贡献。不同的人通过分工来共同完成团队的目标，在人员选择方面要考虑人员的能力如何，技能是否互补，人员的经验如何。

3. 定位（place） 团队的定位，团队处在什么位置？由谁选择和决定团队的成员？团队最终应对谁负责？团队采取什么方式激励下属？个体的定位，作为成员在团队中扮演什么角色？是订计划还是具体实施或评估？

4. 权限（power）　团队中领导人的权力大小跟团队的发展阶段相关，一般来说，团队越成熟，领导者所拥有的权力相应越小，在团队发展的初期阶段，领导权相对比较集中。

5. 计划（plan）　目标最终的实现，需要一系列具体的行动方案，可以把计划理解成目标的具体工作的程序。提前按计划进行可以保证团队的进度顺利。只有在有计划的操作下，团队才会一步一步地贴近目标，从而最终实现目标。

二、团队建设的基本步骤

团队建设包括以下四个基本步骤。

（1）观察并评估团队现况，根据具体存在的问题明确团队目标。

（2）采取对策。根据目标制订计划并实施改变现状的活动。

（3）观察结果。观察评估结果，衡量是否达到预期目标。

（4）采取进一步对策。团队产生新的问题，并产生新的目标，进一步确定针对目标的对策并实施。

开始团队建设的时间，一般是在团队负责人认识到以下情况之时：团队的效率低；没有全力以赴工作；需要改进或改变；需要根据这些情况提供帮助。注意，这不同于团队负责人希望团队发展，以便将他的意志更充分地强加给集体。在后一种情况下，团队建设将是一种精力的浪费，因为这种负责人的团队概念是成员的屈从，而非创新、协作、独立和提出质疑。

若仅仅因为另一个部门正在进行团队建设，或者因为高层有人下令这么做才为之，则团队建设不大可能取得成功。

思考团队建设中的"不是"，乃是更好地理解它的一种途径。

三、对团队建设的认识与理解

（1）不是每一名管理人员或团队负责人都能成功完成团队建设。分担领导和决策角色，倾听，既乐于给予又乐于接受反馈，支持和赞扬他人而非谴责他人，创造一种开诚布公的氛围，所有这一切技巧和态度，不是每一名管理人员都具备的。换言之，领导素质是团队建设成功的关键。

（2）如果不是小组的所有成员都致力于这种观念，就不大可能奏效。一名或多名成员对创建团队的闲言碎语，就会使大家的努力付之东流。

（3）它不是仅仅针对"有麻烦的"工作团队。一切工作组的效率都可以提高。

（4）团队建设不是一次性的活动。最初的几堂课之后，必须继之以后续的不断努力。这是对单位或小组的一种长期健康投资。

（5）团队建设不是一种敏感性培训。尽管促进者可以运用这类培训中采用的某些技术和活动，但根本动力是改进工作，而非提高个人的竞争力。

（6）团队建设不是万能的。团队建设可以起到破冰、提高协作能力等作用，但它无法克服涉及更广系统的问题，如资源不足、奖励制度低效、工作团队上级的领导能力欠佳、组织的沟通制度低效或缺乏其他工作单位的合作等。

（7）团队建设并非易事。艰苦的工作，充满耐心，舍得投入所需时间，承担风险，勇于尝试，是成功团队建设的部分要素。

（8）一般说来，若没有训练有素的促进者，团队建设就无法做好。一些管理人员也许自己就能"搞定"，但极少见。本质上，对整个过程来说，小组的中立观察者，即主持者，并非可有可无的配角。主持者可充当催化剂、标准制定者、挑战者、提出问题者、后期处理者和仲裁人等，可以使事情进展得富有意义。

（9）团队建设不是一个意在创造对主持者的依赖的过程。实际上，当小组不再需要主持者时，就证明主持者的努力已见成效。

农民培训等农业技术推广活动中的团队建设有助于提高团队的凝聚力、解决问题的能力和领导能力，激励团队成员的协作精神，开发他们的创造力。另外，团队活动还可以活跃气氛和振奋学员。很多团队活动是身体参与的活动，还有一些则是脑力游戏。活动一般都比较有趣，在进行活动的同时为学员提供一个特别的经历来思考问题。例如，学员们如何以一个团队来工作或者是共同解决问题？在向小组成员介绍特定团队活动练习以前，辅导员应该考虑该团队活动对于特定的社会文化条件、特定时间和特定小组来说是否恰当。

这些活动一般是从辅导员介绍开始，辅导员解释要开展的游戏的规则和步骤，也可以提出一个常见问题或挑战性问题，让大家想办法解决。辅导员应该仔细观察团队活动的过程以及学员们的反应。在活动结束时，学员们应该对游戏开展讨论，包括游戏的过程和可能的结果，活动中有什么感受等。然后大家一起得出结论，从游戏中可以学到什么。

根据团队建设或游戏的目的不同，主要分为以下类型：破冰和放松型、启示型、团队协作型和思维开拓型。

四、团队建设在农民培训中的设计要求和注意事项

1. 团队建设活动在农民培训中的设计要求

（1）紧扣主题。

（2）适合培训的思维模式。

（3）避免忌讳的话题（地域、年龄、姓名……）。

（4）确保过程安全（年龄、身体状况、性别……）。

（5）材料来源简易（随手可得）。

（6）很宽的思想空间。

2. 团队建设活动在农民培训中的注意事项

（1）应用场合。

（2）条件：材料简单、便利。

（3）安全性。

（4）民族忌讳。

（5）时间不能过长。

（6）游戏的点评与总结。特别是启示类游戏，通过对现象的分析总结，找出逻辑关系，然后引申升华到要说明的知识或道理中。尤其要注意把现象背后的本质挖掘出来，忌仅谈现象，让培训对象觉得仅仅是游戏而对培训内容来说没有意义，这样反而会造成学员的反感或抵触。

第二节　破冰型团队活动

团队活动 1：接球

1. 目的　活跃气氛。

2. 材料　皮球等圆形球体。

3. 时限　10～15 分钟。

4. 步骤

（1）参与者围成一个圈站立，辅导员站在圈的中间。

（2）参与者依次报数，每个参与者都有一个号。

（3）游戏开始时，辅导员把球向上方抛出并叫出一个号。接住球的学员成为新的主持人，如果没有接住球则表演一个节目后成为新的主持人继续游戏。

团队活动 2：大风吹

1. 目的　活跃气氛。

2. 时限　20 分钟。

3. 步骤

（1）所有的学员都坐在椅子上围成一个圈，辅导员站在圈的中央，成为吹大风的人。

（2）辅导员开始吹风，吹什么风可以自由决定，例如可以是"吹向戴眼镜的人"，这时戴眼镜的人必须起身换个位子，辅导员可以趁机坐下，最后会有一个人没有位子。没有位子的人继续吹风，要想调动更多人的话，可以吹向"所有的男生或女生"。

（3）讨论。讨论活动的关键点，是学员注意力集中并积极抢位子。团队中引入竞争机制可以调动团队的积极性，激发战斗力。

团队活动 3：雨点变奏曲

1. 目的　活跃课堂气氛，提高学员的注意力和反应力。

2. 时限　5 分钟。

3. 步骤

（1）学员在辅导员的指导下完成"小雨""中雨""大雨""暴雨""雨过天晴"动作。

"小雨"：指尖互相敲击。

"中雨"：拍巴掌。

"大雨"：两手轮流拍大腿。

"暴雨"：跺脚。

"雨过天晴"：双手向上。

（2）辅导员说，学员根据内容做相应的动作。例如"现在下起了小雨，小雨渐渐变成中雨，中雨变成大雨，大雨变成暴雨。暴雨渐渐减弱成小雨，大雨变成中雨，又逐渐变成小雨……雨过天晴"。

团队活动 4：地震

1. 目的　加强学员团队合作意识，让每个参与者思路更开阔、更活跃。

2. 材料　开阔场地。

3. 时限　15～20 分钟。

4. 步骤

（1）让每个参与者报数，1、2、3 为一轮。

（2）报数 1 为松鼠，报数 2、3 者搭建房子。

（3）当辅导员叫"起火了"时，松鼠不动，搭建房子的人需要变动位置，重新搭建房子；当辅导员叫"地震了"，松鼠、搭建房子的人均需要变动位置。

（4）3～5 轮后，问学员参与后是否得到了放松。

团队活动 5：欢乐 IPM

1. 目的　增强学员团队精神；活跃气氛。

2. 材料　瓢虫、蜘蛛、蜻蜓等图片。

3. 时限　15～20 分钟。

4. 步骤

（1）每小组选 1 名代表。

（2）每人抽取 1 张图片贴在胸前。

（3）由抽取蜘蛛的人先说"蜘蛛爬，蜘蛛爬，蜘蛛爬完瓢虫飞"等，每人在说的同时，必须做相应的动作，进行 3～5 轮。

（4）接应慢的为输，并表演节目，活跃气氛。

第三节　启示型团队活动

团队建设 1：仔细观察

学员两两配对，先面对面仔细观察对方特征（衣着、身体特征等），然后让其中一人转过身，做出一些变化（或没有变化），请对方说出发生的变化。

启示：

（1）注意仔细观察，顺序观察，如从上到下，从下到上观察，有系统的完整性。

（2）是否注意细节变化。

延伸思考：进行田间观察时，特别是要观察病虫害等对作物有影响的因素都有哪些，每次都有哪些新的变化时只有做到仔细和系统观察，才能客观全面地分析情况，进行精准决策。

团队建设 2：躲避障碍

（1）随机挑选五名学员，四人每两人拉一根绳子，两根绳子一前一后，一高一低，让其中跨越障碍的学员沿着有绳子障碍的过道通过，前提是不能碰到绳子。先不戴眼罩顺利走过一遍。

（2）给跨越障碍的学员戴上眼罩让其继续跨越障碍，并在其跨越之前撤掉绳子，一般人会继续按照第一次的方式跨着走。

（3）讨论。成人容易产生惯性思维，事物都是在变化中发展，要打破传统思维，从实际出发做决策，田间管理也是这样，需要经常观察实际情况，而不能总是依赖经验或习惯来管理。

团队游戏 3：悄悄话传递

1. 目的　提高对交际过程的了解，特别是有些信息如何被曲解，从而展示如何更有效地进行交流。

2. 步骤

（1）辅导员在纸上写下一条信息，不要超过五句话，且应该是使参与者感觉有趣的事情，句子最好不要按一定逻辑关系排列，应包括一些数字和有一定难度的词语。

（2）参与者分成三组，每组 6～8 人，各组相距 4～5 米远。组员站成一队，每人按顺序编号。

（3）每组 1 号学员一个人到辅导员跟前，由辅导员慢速朗读写在纸上的信息，并重复一遍，不许提问。

（4）每组 1 号学员再返回各自小组，并把听到的信息耳语传给 2 号，只能说一遍。2 号学员通过耳语将信息传给 3 号，以此类推，直到每排最后一个学员得到信息为止。最后一个学员把听到的信息写在纸上。

（5）传递结束后，各组轮流读出最后一个人写的信息，并由 1 号学员读出纸条上的原始信息。比较传递到最后的信息与原始信息是否相同，并思考中间传递的信息相同吗？

3. 评价练习结果　当信息传递给另一个人时，信息相同吗？信息本身有何缺陷，妨碍了其正确传递？传递人有何缺点妨碍了信息传递？我们能否以一种更佳的，更有效的方式传递信息？

团队游戏 4：承认错误

1. 目的　提高学员的反应能力，教育学员犯错后要勇于承认错误。

2. 步骤　学员按照小组排列队伍，辅导员发出号令，向左，或向右、向后转，学员按照指令做动作，转错的学员，要站出来给大家鞠躬并说："对不起，我错了。"

3. 讨论思考　在生产实际当中，有的学员在病虫害防治或在栽培管理中，也有打错药的时候，但从来不说，强调客观原因，通过这个游戏，做错的学员都很勇敢地站出来，承认说"我错了"。

团队游戏 5：害虫、天敌与农药

1. 目的　让参与者认识农药对害虫及天敌的影响，活跃气氛。

2. 材料　害虫、天敌、农药图片。

3. 时限　15～20 分钟。

4. 步骤

（1）参与者各自抽取图片并贴在胸前。

（2）所有参与者围成一个圈站好。

（3）辅导员叫害虫名时，所有天敌跑向圆圈中蹲下，叫农药时害虫、天敌跑向圆圈中蹲下。

（4）问学员参与后是否了解了农药对害虫和天敌的影响。

5. 延伸思考　科学认识农药的两面性，农药能杀灭害虫的同时，也能杀灭害虫的天敌。认识到采用生物防治时，要尽量避免化学农药的使用才能取得比较好的效果。

第四节　协作型团队活动

团队建设 1：解救白雪公主

1. 目的　加强学员合作意识，协调能力。

2. 步骤

（1）学员站在一排，站在中间的学员将相邻的腿绑在一起。

（2）每排学员并排向前走，齐心协力将手中的红心贴于前方白板上的纸上为解救成功。

（3）记录每组所用时间并进行比较。

（4）讨论总结每组成功或失败的原因。

团队建设 2：协作运气球

（1）学员根据人数分成 2～4 组，每组学员两两配对，每组 8～12 个气球，将气球吹大扎紧。同时，确定运球的距离，画定出发线和终点线。

（2）运气球时，两人中一人用背，另一人用胸（或两人面对面用胸部），夹紧气球从起点运至终点，看哪个组先完成。规则是气球不能掉下来，掉下为输。当有一个小组运完气球时即可终止。

（3）讨论。在做一件事情之前，没有准备、没有组织、没有系统计划就不能把事情做好。

团队建设 3：协作运水

（1）把参与者分为两组。让每个小组排成一排，在每一排的最前端提供一个装满水的水桶，把空盆放在每一排的末端。

（2）向参与者讲解此活动的规则。目标是在一排学员中用手传递水并把每排末端的空盆装满。

（3）当小组趣味活动开始以后，站在每排最前端的人用手掌舀起水，把水传递到同一排中的下一个人，并依次传递到最后一个人手中。最后一个人把水倒在盆中。这个活动一直持续到有一个组把盆装满为止。

团队建设 4：信任游戏

选择一个勇敢者站在桌子上，背对大家，再选 10 名学员，两两配对成五对，站成一排，配对的队员双手拉紧，勇敢者身体成直线向后倒下，下面 5 对人共同用手臂接住勇敢者的身体。

启示：游戏强调信任的重要性，一个团队之内需要信任。

团队建设 5：合作画画

（1）游戏规则。各个小组每人在纸上画下想要画的物体的一部分，各个组员之间不能有语言交流，之后每个成员到黑板上画一笔，看每人画完后，能否成为一个完整的图画。

（2）游戏玄机。考查小组成员之间的默契程度，以及小组核心的作用和引导，主要是第一个人的画法，易于对下面的成员起到引导作用，使得各个成员按照相同的方向进行，才可能完成完整的图画。

团队建设6：盲人送水

1. 活动规则　学员两人一组，其中一人蒙眼，端一碗水，另一人用非语言的声音指挥，越过其他学员设置的障碍，把水送至目的地，看哪组洒的水少。

2. 学员讨论体会

（1）准备充分，事先约定详细，目标明确。

（2）配合协调默契。

（3）借鉴他人经验。

（4）相互信任。

（5）口令简单，表达及时。

（6）信息传递准确。

（7）及时总结归纳。

团队建设7：千人投篮

每个学员一根绳子，长4米，一端系在腰上，另一端与其他学员的系在一起，并在全部绳子结成的系扣正下方系一支笔，地面放置一矿泉水瓶，除一名指挥者外，所有参与者戴眼罩，大家齐心协力听从指挥者的指挥，将笔插进瓶子里，在游戏的整个过程中绳子必须绷紧，不许摘掉眼罩。

大家摘掉眼罩，在能看见的情况下重新再做一遍，谈谈这两次的体会。

启示：

（1）遵守唯一指挥，统一行动原则。

（2）指挥要准确，使用具体数字和方向，尽量避免使用一点、稍微等模糊词。

（3）团队的目标要明确一致，配合默契。结合田间学校，培训的目标不是由辅导员确定，而是由学员共同制订。

（4）做事情要有耐心，不可急于求成。

团队游戏8：列下越多越好

1. 步骤

（1）辅导员慢慢念出20个不相关的词。例如（如果认为合适可以更改以下名称）：别针、椅子、大海、猫、毯子、果汁、门、秋天、地毯、线、电话、调羹、地球、光线、小车。

（2）在念出以上的词一次以后，要求参与者写下或者是画出他们能够回忆出来的词。参与者有 3 分钟的时间来完成此任务。

3 分钟时间到以后，问参与者谁可以写下 20 个词、19 个词、18 个词，依此类推。在黑板上记下人数。

要求参与者两两配对，组队后的参与者再给 3 分钟的时间来写下 20 个词中尽可能多的词。20 个词、19 个词，依此类推。在黑板上记下人数。

接下来要求参与者四个人组成一组，然后要求他们在 1 分钟内完成任务。当时间到的时候，问哪一组能够列出所有的 20 个词。

2. 提问　最后，向参与者提以下的问题并进行思考。

（1）两个人一起还是一个人能记起更多的词？

（2）是不是与更多人的小组在一起可以达到更好的结果？

（3）形成这样结果的原因是什么？

（4）把这个团队活动练习与社区工作相比较，例如有害生物综合治理问题。问参与者如果他们以一个团队来工作是否会比一个人工作成果更好，了解为什么他们会这样想。一般来说，一个人独立工作和与其他人一起工作相比，完成的工作范围不会有与他人一起工作那样广。通过与其他人一起工作可以达到更好的工作效果，原因是有更多的力量加在一起形成合力，以及团队成员间的互相补充。

当小组在表达他们完成社区项目的经历时，可以采用此小组趣味性活动。

团队游戏 9：你比我猜

1. 目的

（1）加强学员团队合作意识。

（2）提高学员共同学习能力。

2. 材料　相关图片（最好选一些与培训相关的图片）。

3. 时限　15～20 分钟。

4. 步骤

（1）每组选取 2 位学员。

（2）一位学员抽取图片 5 张，将图片内容用肢体语言表达，另一人猜。

（3）每组用时 5 分钟。

（4）猜对多者为胜，并进行评价。

团队游戏 10：心心相印（背夹球）

1. 目的　提高队友之间的默契度。

2. 材料　每组一条长约 5 米的绳子、圆球。

比赛场地：赛距 20 米。

3. 步骤　每组 2 人，背夹一圆球，步调一致向前走，绕过转折点回到起点，下一组开始前进。向前走时，双手不能碰到球，否则一次罚 2 秒；球掉后从起点重新开始游戏。最先完成者胜出。按时间记名次，按名次计分。

4. 注意事项

（1）比赛过程中如有球落地情况出现需返回起点重新开始。

（2）途中不得以手、胳膊碰球，如有违反均视为犯规。每碰球一次记犯规一次，每犯规一次比赛成绩加 2 秒 。

（3）进行接力时，接力方必须在规定区域内完成接力活动。比赛中应绝对服从裁判，以裁判员的判罚为准。

团队建设 11：背力游戏

1. 主要步骤　学员排队，按照 1、2，1、2、3，1、2、3、4……报数，按单双号分成两组，背对背站成两排，双臂相勾，坐下去，然后站起来。可延伸至多人参与。

2. 思考讨论

（1）体会团队建设。

（2）减少非控制因素。

（3）体会结构的重要性。

（4）在合理的结构下，要协调控制。

团队建设 12：魔术杆

1. 目的　锻炼学员协调性、团体意识和配合默契程度。

2. 步骤

（1）学员面对面站成人数相等的两排。

（2）学员伸出左、右手的食指与对面学员的左、右手食指相交成树权状，所有学员的手指保持在同一水平线上。

（3）在手指交叉处放上一根竹竿。

（4）请学员蹲下、起来，在过程中保持竹竿不能掉下。

3. 点评

（1）团队需要协作配合。

（2）多因素复合决策是优先考虑的限制因素。

（3）活跃气氛。

第五节　思维开拓型团队活动

团队建设 1：解绳扣

剪 1 米长的绳子，在两端各打一个扣环，使手能伸进去。

要求参与者两两配对，每对参与者分得两条绳子。每个参与者应把双手伸进一条绳子的扣环内，两条绳子应相互交叉，使两名参与者连在一起。

两人想办法解开交叉环，手腕不能从扣环直接出来，又不能弄坏绳子。

如果有一对获胜，让他们为其他人展示解决方法。

评价结果：我们从中学到了什么？

解决方法：把一个人的绳子穿过另一个人的扣环，再把绳子套在其手腕上向上一拉，绳扣就解开了。

思考与讨论：抓手要在一个层面上，要找到解决方法，不能复杂化，依次按顺序解决，发现矛盾，逐步发现矛盾并解决（去掉交互影响的因素，解圈过程要逐步解决，注意归纳，引导出总结实践经验）。

团队建设 2：数字排列游戏

1＝5　2＝15　3＝215　4＝3215　5＝?

由于习惯性思维，很容易得出答案：5＝43215。

正确答案是 5＝1。

团队建设 3：卖马问题

买马 70 元，卖 80 元，再买马花 90 元，又卖掉 100 元，他挣了多少钱？

正确答案：20 元。

可以把问题转换为：买白马 70 元，卖白马 80 元，再买黑马 90 元，又卖掉 100 元，挣 20 元。

把复杂的问题简单化，把多维的因素分离出来、归类。

团队建设 4：投糖果游戏

1. 步骤

（1）在地板上画三个同心圆。最里圈标记为＋15，中间的一圈为－10，最外的一圈为＋5，圈以外的标记为－15。如图 11-1 所示。

（2）让参与者围着圈分别站成四排，站的距离为离最外一个圈有 3 米远处。参与者按照顺序向圆环标靶投硬币，其中每个人轮流向标靶区域瞄准投币，根据投掷硬币所在的区域在黑板上记下各个小组的得分。直到所有的小组成员都投完时停止投币。

（3）统计每个小组的得分。得分最高的小组获胜。

（4）评价活动。哪个小组得分最低？为什么？哪个小组得分最高？为什么？目标定得太高错在哪里？

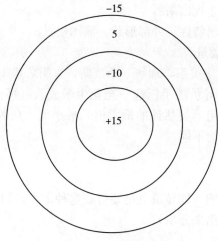

图 11-1　投糖果游戏

2. 结果讨论

（1）这个游戏说明了什么？

通过不断的实践以及观察，逐步可以提高判断准确性；通过实践可以体会难易程度。

（2）学习过程与这个游戏有什么相同之处？

都是循序渐进过程，循环过程：评估—实践—评估—再实践过程

（3）怎样才能算一个理想的学习过程？

学习过程是循环过程：听、看、实践、理解—再实践—再理解—能力提高。

（4）学习效果的期望会是什么样的结果？

结果有偶然性，期望需要在学习过程中不断修订，趋于理性。

团队建设 5：项链问题

1. 游戏描述　一条项链断成四截，每截由三个环组成，如何用最经济的方式将项链接好？

2. 费用　每打开一个环 2 元，接一个环 3 元。

3. 思考与讨论　关键是要突破常规思维。

团队建设 6：脑筋急转弯

什么时候 2 大于 5 小于 0？

答案：石头剪刀布的指头数。

团队建设 7：头脑风暴游戏

每组发一个别针，用头脑风暴的方法尽可能多地说出别针的用途，并把其

中觉得有创新性的用途找出来。

别针的特性：金属特性、外部形状、演示模具。

团队建设 8：猜数量

1. 目的 强调数字关系，理解一个范畴，有团队意识。

2. 游戏描述 辅导员随手抓起一把花生米放入纸杯中，请每组学员估计其中的数量，统计每组学员估计的最大值、最小值、众数、中数，重复三次，看每次估计的数量有何不同。

3. 游戏启示

（1）从众心理。

（2）老经验的影响（辅导员就是要打破这种定式，利用实例，可以用引导法鼓励做得好的人说出来分享）。

（3）大数规则。

（4）趋同性，要参考大家的意见，小组讨论，争辩使结果趋向同一方向，此时小组是成功的团队。

（5）如果有坚持自己错误意见的，可以用实际经验说服或者用实践证明。只强调质量不要求数量时，可以运用这个游戏。

团队建设 9：传球游戏

1. 游戏描述 每组有一个乒乓球，组内有 4～5 个人，将球每个人都传到一次，但是相邻的人不能传，如何进行？

2. 游戏点评

4 人：需要人之间换位，否则无法做到。

5 人：5 人时可以参照图 11-2 的方法。5 人以上可以参照以上方法类推。

游戏玄机：当 4 人时，不但需要球换位，而且需要人员之间换位，是一种思维模式的转换。

图 11-2 5 人进行传球游戏

团队建设 10：连九点

1. 目的 提高参与者的创造力，并找出哪些因素能促进其创造力，哪些因素限制了其创造力。

2. 步骤

（1）在一张报纸上画如图 11-3a 所示的九点。

（2）让各小组学员将所有的点用四条直线连接起来，并且不能让笔离开纸面即一笔连起来。

（3）练习时每个人独立进行，如都不能解决这个问题，各小组内部可以讨论。

如果没有人能解决此问题，辅导员自己示范给大家看（如图 11-3b），注意参与者的反应。

3. 讨论

为什么他们自己不能做到这一点？为什么大家都可能局限在由各点组成的正方形内而不敢越雷池一步？什么限制了他们的创造力？具有创造力的人一定要超越世俗，无拘无束，并且需要一个可给予支持的、自由判断的环境。

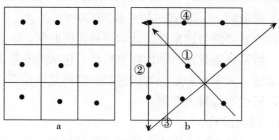

图 11-3　连九点
a. 问题　b. 答案

团队建设 11：趣味游戏

（1）应用多元智慧的方法之一——博物，通过对暖水瓶、电水壶的描述，如图 11-4，引出认识事物的特征。

图 11-4　博物法举例

（2）寓意是让大家通过对事物的观察，找出其特点或规律，并对其准确描述。

团队建设 12：趣味游戏

图 11-5 中的两个图形，移动左图中三个圆球，每次只能移动一个，使得左图变得和右图一样。

图 11-5　趣味游戏

每次只移动左图中原来三角形的三个顶点，就可得到和右图一样的图形。

团队建设 13：1＋2＋3＋…＋97＋98＋99＝？

（1）正确答案是 4950 。

因为 （1＋99）＝（2＋98）＝…＝（48＋52）＝（49＋51）＝100，共计 49 个 100，再加上剩余的 50，原式＝49×100＋50＝4950。

（2）认识事物的感知性与抽象性。认识事物需要时间，由表及里、由直接到抽象的渐进性，特别是要观察事物的固有特征，包括所有组成要素。

（3）讨论、总结。大家有一定的知识累积，懂得基本原理。以前有类似的经历，比较熟悉，通过类推得出答案。

团队建设 14：过河游戏

（1）通过各个小组的表演，由大家选出表演最好的三女三男分别扮演美女与野人。要求：假定有小船一只，六人过河，每次小船只能承载两人，且不能有两名野人与 1 名美女同时相遇，怎样才能将所有人运送过河？

（2）正确的解决方案如图 11-6 所示。◎——代表野人　●——代表美女

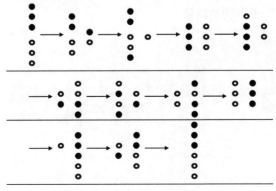

图 11-6　过河游戏

（3）游戏分析。常规时人们为了达到目的只会想到如何将野人运送到对岸，而不会去进行逆向思维将野人向回运送。本游戏的关键步骤为第七步。

第十二章 12

农民田间学校质量控制

　　培训质量监控与评估是培训管理流程中的一个重要环节，是衡量培训效果的重要途径和手段。开展培训质量监控与评估，一方面可以掌握农民学员的知识与技术更新情况，农民学员产生了怎样的变化，是否将所学的东西运用到田间的农事操作活动中；另一方面可以根据评估结果确定下一步的培训计划，并能够针对存在的问题及时做出调整。

　　培训实施的评估按主体可以分为自我评估和外部评估。自我评估是指培训者对培训课程内容的完成情况以及农民对培训内容的评估，还包括培训结束后的自我评估，总结培训的创新点，完成评估报告。外部评估主要是聘请专业人员对有关方面进行客观、公正的评估。评估结果可以用文字描述、量化打分等形式表现，包括好的地方、需要改进的地方和改进方法等。只有采取自我评估与外部评估相结合的方式，才能更全面地了解实施的效果和不足之处，扬长避短。

　　评估要将自我评估和外部评估相结合，并考虑学员对非学员知识与技能的影响。因为参加农民田间学校培训的学员毕竟是少数，对农民辐射带动力的评估很关键，评估时可以考虑作物种植大户、基层农业技术人员、农药零售商、科技示范户、村里带头人这五类人参加农民田间学校的情况及其对周围农民的宣传和带动作用，了解农民田间学校的影响力有多大。在知识传播方式的培训中，可比较分析广播、电视讲座、口授、示范、张贴宣传画、板报宣传等方式在农民中的影响力，评估农民田间学校采取哪种方式宣传效果更好。

第一节　培训质量监控与评估

　　培训效果的监控与评估方法按照采用的方法或实施的主体可以进行不同的分类，按照方法可以分为个体访谈、成果汇报、知识技能测试、小组访谈等方式，按照评估的实施主体可以分为自我评估、外部评估，外部评估又分为专家评估与培训对象评估等。

一、按照方法进行分类的质量监控与评估

(一) 开展个体访谈

在培训结束时，通过座谈会的形式，让学员发表意见，谈谈对本期田间学校培训活动的体会，在哪些方面取得了进步，对于哪些环节还有个人的意见和建议，以便促进后续培训活动更加有效开展。座谈需要制作提问的提纲，对农民进行个体访谈的问题进行设计时，要以简单的问题，按从宏观到具体的顺序进行，对农民提问的问题要尽量简单，由浅入深地提问，提问的方式可以用对比的方式进行。提问问题如：哪些课程能吸引你？哪些你不感兴趣？通过参加培训有所收获吗？这些收获能否改变你田间的操作方式，从而进一步采用作物综合管理技术？试验有能力自己设计并在自家地里进行试验吗？如果不能，问题出在哪里？你与其他未参加农民田间学校培训的农民交流你在农民田间学校学习到的经验吗？与他们交流了哪些经验，他们的反应如何？对培训的建议在农民田间学校改进方面，你有什么建议？访谈的对象应包括一部分参加培训的农民和未参加培训的农民，以了解学员对非学员的技术扩散效应。

(二) 进行成果汇报评估

农民田间学校培训结束时，由学员展示培训成果，也是农民自我总结汇报培训收获的重要途径，通过展示回报能评估记录每个学员的学习进步情况。学员学习成果展示的形式多种多样，如制作学习展板与汇报或表演（如相声、三句半）等，特别是通过这些活动，可以评价学员在语言表达能力、自信心方面的进步，生态环保意识以及团队协作意识培养与能力的提高情况。通过试验田与对照田分析对比和结果展示，可以评估学员生产能力变化，包括取得的经济效益和生态效益等，可以通过图、统计表、分析表、质量检测结果、效益分析表等形式进行展示。通过学员小组的配合协作与分工可以评估学员团队协作意识与能力，包括可能的学习小组建立、农民合作社组建等。

(三) 进行知识与技能测试评估

农民田间学校培训中期或结业时，通过票箱测试方式对农民知识与技能的掌握情况进行综合评估，通过训后与训前票箱测试的成绩的对比来衡量培训效果。一般要求培训前后用同一套试题或者难易程度一致的试题进行测试，便于前后对比。测试题包括知识型、技能型和分析决策型，从多个方面评估培训效果。训后测试的结果也将作为下一阶段培训计划制订的依据，对于学员没有掌握的知识，在下一年的培训中将作为重点。

(四) 开展关键性小组讨论

开展关键性小组讨论一般应组织 10～15 个农民参加，评估者提出相应的

评估内容，如培训的效果、下一步即将采取的措施、培训存在的问题、培训得到的知识如何传播给其他农民等，然后以农民小组讨论的方式来完成评估。

二、按照实施者分类的质量监控与评估方法

（一）自我质量监控与评估

培训者（辅导员）对整个培训过程进行综合评估的主要内容有：①学校构建情况，包括培训学员选择、地点确定、试验田确定等；②人员组织情况，包括学员、辅导员和授课专家的参与度等；③提前准备情况，包括课程计划、材料准备、资金计划等；④培训实施情况，主要包括培训技巧方法的应用、学员积极性调动等；⑤学校建设与专题活动情况，主要包括有关专题的数量和实施质量情况。

（二）外部质量监控与评估

由培训专家对培训活动采用现场抽查打分评价或对培训效果进行实地调查或检查档案的方式进行。现场的抽查打分评估主要是对辅导员培训技巧应用与语言表达、对学员积极性调动等情况进行的综合评价。对效果的评估可以到现场检查试验田和对照田的情况，或者对比学员与非学员的技术应用效果；而知识与技能测试也是一种重要评估方法，可以与培训前的成绩进行对比分析。另外，学员成果汇报中对所学知识的理解与语言表达能力变化，以及协作意识的变化也是外部专家评估的构成部分。通过设计问卷评估产业技术进步，并采用经济学的分析方法评价，能得出更加系统、科学、全面的评价结果。

（三）培训对象质量监控与评估

辅导员组织学员通过问卷的方式，对田间学校的组织、内容、方式方法、辅导员综合表现，以及培训时间安排等进行评价打分。通过汇总打分情况，辅导员就可以掌握在哪些方面得到了学员的认可，还有哪些方面需要改进等。培训对象评估的问卷设计要尽量简单，易操作，尽量在较短的时间内完成。

第二节　农民田间学校的组织管理

作为参与式教育的重要平台，农民田间学校的管理一定要遵循以农民为中心、自我组织、自我管理的原则。因此，作为一个团队，农民田间学校需要有组织管理机构与规则，实行分级管理与自我管理。

一、制订团队约定

既然农民田间学校这个团队的中心任务是学习提升，实现协作发展，那

么，这个团队就应该围绕中心任务，达成共识，形成团队的约定（合同）。这个规则应该包括：对需要学习内容和学习方式的认可，集体活动（室内培训和室外操作）日期和时间的确定，学习材料和经验的提供，对培训干扰的避免，团队的管理（学员确定、材料、财务等），以及培训结束后后续活动的承诺。学员达成一致意见后，团队的每个成员需要在团队合同上签字，并张贴在培训活动的教室内，以共同监督集体约定内容的落实。

二、组建班级自我管理机构

小组确定以后，每个小组民主推荐产生自己的组长，并由小组的学员根据自己小组的特点，给小组取特定的组名。组长负责本小组培训等集体活动的组织协调。班长由全体学员通过无记名投票的方式产生，也可以由各小组推荐提名，然后在提名人选中投票产生，班长主要负责班级集体活动的组织协调，以及外来资源的协调利用（如请推广人员、科研人员等提供需要的信息，请当地政府给予支持，请相关企业予以协助等），通知每个小组的培训时间、地点与内容，特别是发生变化的时候。经过田间学校较长一段时间培训后，班组长可以适当重选，以给其他参与者学习管理的机会，以及更多地承担服务责任。

三、农民辅导员发现与培养

经过第一轮的农民田间学校培训，在表现出较高的农业技术能力和较强的组织协调能力，并且积极参与和组织集体活动的学员中遴选出1～2名农民辅导员培养对象。在培训中着重培养，并参加农民辅导员培训班。对其他表现比较优秀的农民学员，作为农民技术带头人或科技示范户进行培养，协助开展农民试验研究，以及新技术的引进与示范推广工作。通过一期、二期或三期的培训活动，逐步培养出当地的农民辅导员、科技示范户等本地化的农民技术带头人团队，并充分发挥他们的作用，为实现当地技术和产业的持续发展奠定基础。

四、学员试验田管理

在农民的培训中设置供农民观察和动手实践的试验田，即综合管理田。同时设置对照田，即农民常规管理田。根据需要，还可以设置生物多样性田。试验田由班级的所有学员共同参与管理，试验田一般选择在进步农民学员的田块进行，每周在调查完田间情况并进行管理决策后，由学员代表按照决策进行操作管理。学员试验田的投入与管理由培训的组织者负责，或由组织者对农户的生产损失进行补偿，避免农户可能的风险。

可以在试验田的旁边选择各方面条件类似的田块作为农户常规管理田，常规管理田可以选择非学员普通农户，田块必须按照往年的常规管理进行，可以适当补偿些调查观摩造成的损失。根据需要，可以设置生物多样性田，全程不用农药，对比生物多样性差异，一般田块不用大，日常管理由田块的所有者实施，培训的组织者必须负责所有的产量损失。

五、财务管理

农民田间学校发展到一定阶段，必须将整个农民田间学校的管理，包括财物交由农民田间学校自己管理，这样才能真正实现所有权和责任感的转移，同时也锻炼了学员的经济管理能力。财务管理小组由 3 人构成，可以从班组长当中产生，也可以从其他学员中产生。财务小组负责管理农民田间学校的公共财物，核算收支平衡，采购培训用品，以及协商租金与补偿。财务管理小组，应该定期公布农民田间学校的财物情况。

第三节　培训质量监控与评估指标

一、自我质量监控与评估

培训者在培训结束后，针对培训全过程，包括农民田间学校的创建、培训准备、人员组织、培训实施和专题活动与学校建设等方面进行综合评价的过程，设计的指标主要是针对培训质量影响比较大的环节如表 12-1 所示，这些指标也可以提醒培训者（辅导员）在日常的培训活动中强化或者注意这些方面的内容，以最大程度从培训者的角度来保证培训的质量。

表 12-1　培训者自我监控与评估指标及分级

（一）田间学校构建（权重占 15%）

类　别	指　标	分　级
1. 校址选择	是否具有区域优势	达标（是） 不达标（否）
2. 学员选择	是否是决策人	达标（≥80%） 不达标（<80%）
3. 两圃田设置	初始条件是否一致	达标（是） 不达标（否）
	可利用条件是否一致	达标（是） 不达标（否）

（续）

类　别	指　标	分　级
4. 培训场地的选择	是否有足够的空间	达标（是） 不达标（否）
	是否有基本的设备	达标（是） 不达标（否）
5. 辅导员配备	是否至少有一名具有资格的辅导员	达标（是） 不达标（否）

（二）培训准备（权重占 10%）

类　别	指　标	分　级
1. 课程设置	是否采用参与式方法设计	达标（是） 不达标（否）
	培训计划是否为全生长季节	达标（是） 不达标（否）
2. 材料准备	是否提前准备，准备是否及时	达标（是） 不达标（否）
	材料准备是否完备（文具、农具、农资、试验设备）	达标（是） 不达标（否）
3. 分组情况	性别搭配	达标（是） 不达标（否）
	年龄搭配	达标（是） 不达标（否）
	有经验和没经验搭配	达标（是） 不达标（否）

（三）人员组织要求（权重占 15%）

类　别	指　标	分　级
1. 学员的参与度	出勤率	达标（≥90%） 不达标（<90%）
2. 辅导员的参与度	是否提前备课	达标（是） 不达标（否）
	是否课后及时补充课件	达标（是） 不达标（否）
	辅导员对田间学校资料和数据是否有完备的记录	达标（是） 不达标（否）
	辅导员是否完成活动日日志	达标（是） 不达标（否）
	提交总结报告是否及时	达标（是） 不达标（否）

（续）

类 别	指 标	分 级
3. 当地政府的参与性（是否支持）	开幕式和闭幕式是否有当地政府领导参加	达标（是） 不达标（否）
	有关部门是否保证辅导员有充足的工作时间和条件	达标（是） 不达标（否）
4. 对接专家的参与度	是否发挥作用，组织或协调活动3次以上	达标（是） 不达标（否）
（四）实施情况（权重占20%）		
1. 辅导技巧	是否采用参与式方法	达标（是） 不达标（否）
	是否采用启发式辅导	达标（是） 不达标（否）
	是否有互动式的过程	达标（是） 不达标（否）
2. 学习循环	通过实操试验，强化学习循环的方式	达标（是） 不达标（否）
3. 农民学员的积极性	学员是否积极参加每项活动	达标（≥90%） 不达标（<10%）
4. 活动程序的掌握	辅导过程是否清晰	达标（是） 不达标（否）
	辅导主体是否突出	达标（是） 不达标（否）
5. 气氛和秩序的掌控	辅导员说话、讲解时间占课堂时间低于20%	达标（是） 不达标（否）
	辅导员掌控时间的能力（控制讨论时间）	达标（是） 不达标（否）
（五）专题活动及建设内容（权重占40%）		
1. 票箱测试（BBT）	训前、训后各一次	达标（是） 不达标（否）
	是否在实践现场进行	达标（是） 不达标（否）
	鲜活标本（实物标本或照片）题目所占的比例	达标（≥50%） 不达标（<50%）
2. 试验研究	数量	达标（≥2个） 不达标（<2个）
	辅导过程是否采用学习循环的方法	达标（是） 不达标（否）

（续）

类　　别	指　　标	分　　级
3. 游戏	数量	达标（≥10个） 不达标（<10个）
	是否有点评和总结分析	达标（是） 不达标（否）
	是否有实例说明	达标（是） 不达标（否）
4. 生态系统调查分析	是否是全过程的	达标（是） 不达标（否）
	是否有与对照比较	达标（是） 不达标（否）
	调查的主要因子（有利因素和不利因素）是否完整	达标（是） 不达标（否）
	是否有决策	达标（是） 不达标（否）
	决策因子是否完整	达标（是） 不达标（否）
	决策实施率	达标（≥80％） 不达标（<80％）
5. 农民专题	数量	达标（≥5个） 不达标（<5个）
	是否采用头脑风暴的方法	达标（是） 不达标（否）
6. 昆虫园	数量	达标（≥3个） 不达标（<3个）
	是否有完整的研究结果	达标（是） 不达标（否）
7. 田间活动日	是否有当地领导与非田间学校农民参与	达标（是） 不达标（否）
	是否有田间学校成果展示	达标（是） 不达标（否）
	是否有农民学员汇报	达标（是） 不达标（否）
8. "六个一"目标落实	是否成立指导小组	达标（是） 不达标（否）
	是否设置宣传栏	达标（是） 不达标（否）

（续）

类　别	指标	分　级
8."六个一"目标落实	是否建设农民试验田	达标（是） 不达标（否）
	是否培养 5 名以上示范户	达标（是） 不达标（否）
	是否培养至少 1 名农民辅导员	达标（是） 不达标（否）
	是否维护互联网平台	达标（是） 不达标（否）

二、外部质量监控与评估

培训过程中或结束后，由项目管理者组织外部的专业评估人员进行质量的监控与评估。其中，培训过程中进行的过程评估主要是对培训者现场培训的组织协调、交流表达、观察调动与局面掌控等能力与技巧，以及培训内容安排科学性与重点是否突出等方面定量打分进行评估，主要指标见表 12-2。

表 12-2　外部过程评估（抽查时）

评估内容指标	总分 5 分，根据实际掌握					
	1	2	3	4	5	弃权
展示绘图、实物及数据情况						
辅导员辅导技巧及创新						
辅导员的专业能力表现						
辅导员时间控制及气氛掌控						
辅导员是帮助学员做事还是进行指导						
学员参与团队活动积极性（是否踊跃发言）						
学员参与生态系统调查分析积极性（参与人数）						
学员参与农民专题积极性（参与人数）						
学员参与学用科学试验积极性						
学员之间相互协作能力						
学员各种试验结果展示						
学员是否真的自己能发现、讨论、解决存在的问题						

（续）

评估内容指标	总分5分，根据实际掌握					
	1	2	3	4	5	弃权
学员参与活动的收获（学员表现出的操作、绘图；了解和学到了什么）						
对有利因素和不利因素的执行情况及认知程度						
活动目的意义阐述的到位程度						
语言能否通俗易懂、重点突出、引起兴趣						
总计						

在整个培训班结束后，由培训管理部门在结业时对整个培训质量进行评估，对整个培训班综合情况，评估指标（表12-3，主要包括学校的影响力），辅导员的宣传力、创新力、发现力、总结力，以及培训活动的持续发展能力和综合效益效果等方面进行综合评价，已发现存在的问题与不足，在后续的活动中进行改进。

同时，针对田间学校构建，制定全过程的指标体系（表12-4），对田间学校的组织管理进行全方位的打分评价。

表12-3　外部质量监控与评估

评价内容		打分指标	得分
1. 影响力	学员参与积极性	A. 出勤率90%以上：5分；B. 出勤率80%～90%：3分；C. 出勤率80%以下：1分	
	参与非学员数量	A.8～10名非学员：5分；B.4～7名非学员：3分；C.1～3名非学员：1分	
	辐射带动规模	A. 200户以上：5分；B. 带动100～200户：3分；C. 100户以下：1分	
2. 宣传力	电视媒体、网络报道情况	A.3次及以上：4分；B.2次：3分；C.1次：2分	
	报纸杂志及专题报道	A.5次及以上：3分；B.3～4次：2分；C.1～2次：1分	
	组织观摩交流数量	A.5次及以上：5分；B.3～4次：3分；C.1～2次：1分	
3. 创新力	培训方法、手段、内容创新	A. 有创新发展和新意：5分；B. 有个别创新发展：2～4分；C. 很少创新发展：1分	

（续）

评价内容		打分指标	得分
4. 发展力	人才培养数量：农民推广员或辅导员，需要案例支撑	A. 7~12 人：5 分；B. 4~6 人：3 分；C. 1~3 人：1 分	
	后续发展机制探索（合作社、服务队、学习小组等）	A. 3 种以上：5 分；B. 2 种：3 分；C. 1 种：2 分	
5. 发现力	人物典型	A. 突出、有特点：5 分；B. 比较突出、有特点：3 分；C. 常见、无特点：1 分	
	事件典型	A. 突出、有特点：5 分；B. 比较突出、有特点：3 分；C. 常见、无特点：1 分	
6. 总结能力	总结材料、典型材料	A. 典型、精炼：5 分；B. 比较典型、精炼：3 分；C. 一般、无特点：1 分	
7. 效益效果	平均产量增加情况	A. 15% 以上：5 分；B. 10%~15%：3 分；C. 10% 以下：1 分	
	经济效益增加情况	A. 25% 以上：5 分；B. 15%~25%：3 分；C. 15% 以下：1 分	
	BBT 测试成绩提高	A. 35% 以上：5 分；B. 20%~35%：3 分；C. 20% 以下：1 分	
	推广技术、产品数量累计	A. 10 种以上：5 分；B. 6~10 种：3 分；C. 5 种以下：1 分	
8. 综合情况	工作成绩和成效	A. 突出：8~10 分；B. 比较突出：5~7 分；C. 常见、无特点：1~4 分	

表 12-4　组织管理评估

评估内容指标	总分 5 分，根据实际掌握					
	1	2	3	4	5	弃权
选址合理性						
培训对象合理性						
培训时间合理性						
出勤率及学员参与积极性						
试验田设置情况						
成立指导小组情况						
信息宣传栏设置情况						
培养示范户情况						

（续）

评估内容指标	总分 5 分，根据实际掌握					
	1	2	3	4	5	弃权
培养农民辅导员情况						
维护互联网平台情况						
材料准备情况						
资金使用合理性						
辅导员学员反映						
辅导过程和手段						
培训影响力（持续性、品牌等）						
非学员评价情况						
总计						

三、培训对象质量监控与评估

培训结束后，由农民学员对培训的解决实际问题情况、时间安排、内容安排和兴趣程度四个方面进行打分评估（表 12-5）。评估采用匿名投票的方式进行，最好由项目的管理者组织实施，辅导员尽量不要参与。农民的评价是反映培训效果的最直接方式，评价的结果要与培训组织者和培训者进行沟通，以改进下一轮的培训安排。

表 12-5　培训对象评估

评估内容指标	分值（相应栏目打分）					
	1	2	3	4	5	弃权
解决实际问题情况						
时间安排						
内容安排						
兴趣程度						
总计						

参 考 文 献

牛有成，2007. 北京都市型现代农业发展的思路、内涵与途径［N］. 北京日报，7-16，第018版.

王德海，魏荣贵，吴建繁，2010. 农民培训需求调研指南［M］. 北京：中国农业大学出版社.

王力斌，薛姝，2003. 参与式农村评价（PRA）培训手册［M］. 联合国儿童基金会 ECCD 项目，http：//www. docin. com/p-561077500. html? docfrom＝rrela.

吴建繁，肖长坤，石尚柏，2010. 农民田间学校建设指南［M］. 北京：中国农业大学出版社.

夏敬源，杨普云，朱恩林，2004. 农业技术推广模式的重大创新——农民田间学校［J］. 中国植保导刊（12）：5-6.

夏敬源，2003. 中国农技推广方式的创新——农民田间学校［N］. 农民日报，12-6.

肖长坤，郑建秋，王大山，2007. 北京农民田间学校建设与创新［J］. 植保导刊（10）：45-46.

肖长坤，郑建秋，2008. 北京农民田间学校实践与发展［M］. 北京：中国农业出版社.

杨普云，2008. 农民田间学校概论——参与式农民培训方法与管理［M］. 北京：中国农业出版社.

张明明，石尚柏，王德海，2008. 农民田间学校的起源及在中国的发展［J］. 中国农业大学学报（社会科学版），(3)：129-135.

Agricultural Development Denmark Asia（ADDA），2002. IPM Farmer Training 2nd Phase，Participatory Farmer Training in Vegetable Production in Hanoi Based on the IPM Concept ［R］. Unpublished proposal.

Bartlett A，2005. Farmer field schools to promote integrated pest management in Asia：The FAO experience［C］//Workshop on Scaling Up Case Studies in Agriculture. International Rice Research Institute：16-18.

Feder G，Murgai R，Quizon J B，2004. Sending farmers back to school：The impact of farmer field schools in Indonesia［J］. Applied Economic Perspectives and Policy，26（1）：45-62.

Röling N，Foley S，Markie J，Pimbert M，Salazar R，2000. Phase IV Mid-Term Review 2000：FAO Inter-Country Programme for Community IPM in Asia［R］. ，Room：Food and Agricultural Organization of the UN（FAO），64.

John P，Russell D，Andrew B，2002. From farmer field schools to community IPM，Ten Years of IPM Training in Asia，FAO Community IPM Programme in Asia［J］. FAO

RAP, Bangkok, 10200.

Kenmore P E, 1991. Indonesia's integrated pest management: A model for Asia [M] . FAO Inter-Country Programme for Integrated Pest Control in South and Southeast Asia.

National Agro-technical Extension and Service Center, 2003. Report on impact assessment of China/EU/FAO Cotton IPM Program in Shandong Province, P. R. China [R] . Unpublished Report, Ministry of Agriculture, Beijing.

Pontius J, Dilts R, Bartlett A, 2002. From farmer field school to community IPM: Ten years of IPM training in Asia [M] . FAO Community IPM Programme, Food and Agricuture Organization of the United Nations, Regional Office for Asia and the Pacific.

Pontius J, Dilts R, Bartlett A, 2002. Ten Years of IPM Training in Asia-From Farmer Field School to Community IPM [J] . FAO, Bangkok. 106.

Pontius J, Dilts R, Bartlett A, 2002. From farmer field school to community IPM: Ten years of IPM training in Asia [M] . FAO Community IPM Programme, Food and Agricuture Organization of the United Nations, Regional Office for Asia and the Pacific.

Van den Berg H, 2004. IPM Farmer Field Schools: A synthesis of 25 impact evaluations [M] . FAO.

图书在版编目（CIP）数据

参与式农业技术推广方法及应用/夏冰，张涛，肖长坤编
著．—北京：中国农业出版社，2018.3
ISBN 978-7-109-23992-0

Ⅰ．①参⋯　Ⅱ．①夏⋯②张⋯③肖⋯　Ⅲ．①农业技术推广
—研究　Ⅳ．①S3-33

中国版本图书馆 CIP 数据核字（2018）第 052630 号

中国农业出版社出版
（北京市朝阳区麦子店街 18 号楼）
（邮政编码 100125）
责任编辑　张洪光
加工编辑　徐志平

北京中兴印刷有限公司印刷　新华书店北京发行所发行
2018 年 3 月第 1 版　2018 年 3 月北京第 1 次印刷

开本：720mm×960mm 1/16　印张：12
字数：215 千字
定价：58.00 元
（凡本版图书出现印刷、装订错误，请向出版社发行部调换）